室内装修
施工全书

JORYA 玖雅　著

U0291613

江苏凤凰科学技术出版社·南京

图书在版编目（CIP）数据

室内装修施工全书 / JORYA玖雅著. —— 南京 ：江苏
凤凰科学技术出版社，2022.8（2025.3重印）
ISBN 978-7-5713-3033-0

Ⅰ. ①室… Ⅱ. ①J… Ⅲ. ①室内装修－建筑施工－
指南 Ⅳ. ①TU767-62

中国版本图书馆CIP数据核字(2022)第114408号

室内装修施工全书

著　　　者	JORYA玖雅	
项 目 策 划	凤凰空间/庞　冬	
责 任 编 辑	赵　研　刘屹立	
特 约 编 辑	庞　冬	

出 版 发 行	江苏凤凰科学技术出版社
出版社地址	南京市湖南路1号A楼，邮编：210009
出版社网址	http：//www.pspress.cn
总 经 销	天津凤凰空间文化传媒有限公司
总经销网址	http：//www.ifengspace.cn
印　　　刷	雅迪云印（天津）科技有限公司

开　　　本	710 mm×1000 mm　1 / 16
印　　　张	15
字　　　数	240 000
版　　　次	2022年8月第1版
印　　　次	2025年3月第6次印刷

标 准 书 号	ISBN 978-7-5713-3033-0
定　　　价	79.80元

前言
Preface

来一场纸上的装修实战演练吧！

我在室内设计行业工作十余年，越深入了解装修这件事，就越发现它跟业主看到的不一样，网络上和某些图书上的装修施工攻略要么只停留在表面，要么晦涩难懂，有的甚至还有误。

一天，我问玖雅装饰工程部经理程亮："通过什么方式可以把装修施工最真实的情况展示给大家？"程亮停顿了一下跟我说："我建议你去工地记录一下整个过程。"我回答道："好。"他也有十几年的工作经验，每天都要跑往各个工地，对各种装修工艺都十分熟悉，我想程亮的建议一定有道理。

"让更多人了解真实的装修施工"，带着这个初心，我跟着玖雅装饰工程部开始了为期半年的"泡工地"生活。为了不错过每一个细节，从2021年6月到12月，我每天骑着电动车穿梭在北京的大街小巷，和工人师傅们一起上下班，中午和他们一起在工地点外卖吃。

那是一段难忘的经历，我自己也成长了不少，因为不深入现场，不融入其中，就很难驾驭其上，去掌控整个装修流程，设计也永远飘在"云端"，不能落地。通过这段时间的观察，我发现工人师傅的工作并不是机械地流水作业，而是"技艺的传承"。郭德纲说相声演员是师傅带徒弟的模式，口传心授加上自己的琢磨，哪个节骨眼儿该抖什么包袱，哪个节骨眼儿该让观众喝彩，没有教科书，每个人学出来也都不一样。施工工人也是如此，年轻的工人需要老师傅带着，比如铺贴瓷砖当天一定要"交圈"——把一排铺完，不然铺到一半瓷砖干了就容易出现空鼓。这是师傅总结的经验，没有这些经验，肯定干不好。施工工艺的好坏很考验工人、工长，乃至装修公司的态度和责任心。

面对装修，大部分人的心情都很忐忑，忐忑的原因是不懂、不了解，于是装修就变成了一场充满迷雾的冒险旅途。本书详细讲解了拆除和新砌墙体、水电改造、瓦工、油漆工、木工等施工流程、工艺和注意要点，中间穿插了许多生动形象的手绘图和工地现场的实拍图，帮助大家来理解。相信读完本书，你一定会对施工流程有更清晰的认识，装修时就能做到心中有数。

我是JORYA玖雅的创始人黄婧，我将代表公司并化身为"化老师"，带大家到不同的工地现场来看装修流程、学施工工艺。

黄婧

目录
Contents

第 1 章

拆除与新砌墙体

│拆除工程│

│格局改造，从新砌墙体开始│

拆除工程

1 拆除的基础施工流程

北京"百子湾家园"的一处工地正在进行装修前的拆除工作，我一大早就过来这里记录施工流程，进门一看两位师傅的衣服都已经变成白色了，因为满屋子都是尘土。两个工人一起干活，拆除的时间大概为 7 天。

第 1 步 ┊ 保护

楼梯间以及需要保留下来的物品都用保护膜保护起来，业主家的水表、燃气表、门禁都需要拆下来，以防损坏。由于施工会有噪声，还需要张贴施工信息，告知邻居装修的时间。

为了防止搬运装修材料和垃圾的过程中破坏公共空间的设施，师傅在周围墙面和地面上都铺贴了保护膜。

燃气表是燃气公司的工作人员拆除的（需要提前打电话预约）。拆完后，师傅用保护膜包好并保存起来。

用保护膜覆盖水表。

第2步 拆除　　　室内门

拆除的对象包括一些室内设施，例如定制家具、室内门、卫生间和厨房的五金洁具等，以及墙皮、墙砖、吊顶、地面瓷砖和木地板等，有的轻体砖墙也要拆除。这里重点记录室内门、暖气、地面瓷砖和木地板、墙体饰面、轻体砖墙的拆除要点。

用铁锹拆除门扇，门套直接用电镐拆除。拆除的过程中会破坏墙体，后期需要瓦工和油漆工来找平、修缮。室内的其他家具，如橱柜、客厅柜等都可以采用这种拆除方式。

暖气

为了防止旧暖气漏水，通常由暖气商家的工作人员上门拆除。如果暴力拆除，暖气片和暖气管里的存水流出来，可能会渗到楼下。因此拆除暖气之前，要先关上总水阀，在墙内找出暖气管，把管内的水排干净。

地面瓷砖和木地板

拆除木地板时，如果地板有龙骨，应移除倒钉。

拆除瓷砖以及下面的垫层。这家拆除了 5 ~ 7 cm 厚，只拆了上次装修的找平层，留下的是开发商的找平层，也就是交房现场的地面。

墙体饰面

大面积铲除墙皮，通常会铲掉漆层和腻子层，保留石膏层；如果石膏层质量不好（起砂），则要铲到水泥层。

用电镐将墙砖和黏贴层暴力打碎。

轻体砖墙

拆除进门处的墙体，设计师和工长提前标记好了要拆除的位置。师傅先将墙体进行横向和竖向的分割，掐断里面的电线后，暴力拆除墙体。

2　拆除完成后的两项重要工作

第1项 **垃圾装袋**

在北京，装修垃圾的清运一般有三种情况。第一种，物业有指定的堆放点，统一清运走。我们只需要把装修垃圾装袋并放到堆放点，这种情况的成本最低。第二种，物业没有指定的堆放点，但能统一运走。这需要和物业提前约好时间，将垃圾直接装上物业安排的垃圾运送车。第三种，物业不管垃圾清运，得业主自己清运。需要业主联系装修垃圾清运车，这种价格会非常高。

第2项 检查并封堵下水口

检查下水口是否被垃圾堵塞，将一大瓶的水快速倒进去，测试排水是否顺畅。检查完了之后用保护盖盖好，以防后期施工造成堵塞。

检查每一个下水口，测试排水是否顺畅，并用保护盖盖好。

历时一周，全屋拆除完成，看似简单的拆除工作，也有不少需要注意的地方。比如暖气是否漏水、下水口是否被堵，以及成品保护做得是否足够到位等。

拆除完成后空荡荡的房间，等待新的业主慢慢填充。

格局改造，从新砌墙体开始

上个月去顾先生家核对一些施工细节，他指着刚砌好的墙问我："怎么判断这面墙是否结实呢？将来如果安装定制家具，会不会有安全隐患？"

刚好明苑小区的工地正要砌墙，我决定去记录砌墙的全流程，看看有哪些注意事项，顺便帮顾先生判断新砌墙体的质量是否合格。砌墙当天，我及时赶到了现场，瓦工小王师傅已经在收拾屋子了。

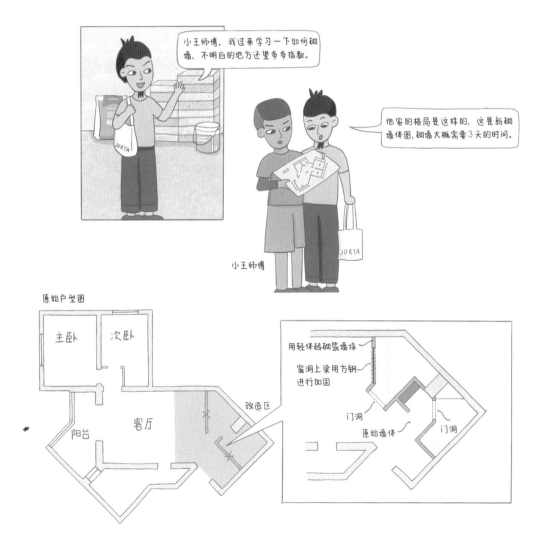

1 新砌墙体的施工流程

第1步 **选择轻体砖**

　　通常，新砌墙体使用的都是轻体砖，此外，还有红砖、轻钢龙骨。因为红砖烧制的过程会对环境产生污染，很多地区已禁止使用了，但红砖最承重。轻钢龙骨的承重能力一般，常用于出租房中。

　　常见的轻体砖有4种厚度：5 cm、8 cm、10 cm和15 cm。<u>推荐10 cm厚的轻体砖，砌完之后加上水泥找平层，墙体的厚度约在12 cm。</u>设计师在规划格局的时候就应该考虑墙体的厚度了。

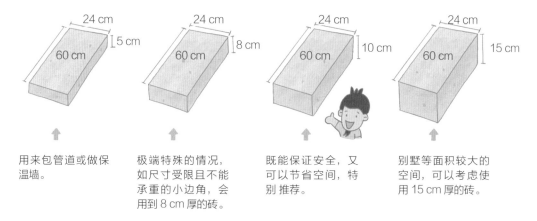

用来包管道或做保温墙。

极端特殊的情况，如尺寸受限且不能承重的小边角，会用到8 cm厚的砖。

既能保证安全，又可以节省空间，特别推荐。

别墅等面积较大的空间，可以考虑使用15 cm厚的砖。

　　客厅中间整齐地码放着一堆轻体砖，此外还有钢筋、方钢、水泥、砂子、石子等砌墙材料。

第2步 **标注墙体的位置**

　　根据施工图纸，借助尺子和水平仪画出新砌墙体的位置，接下来师傅会严格按照标记的位置来砌墙。

标出墙体的位置。

第3步 **砌筑防潮地梁**

　　卫生间等潮湿的地方需要用细石混凝土浇筑地梁。由于轻体砖比较容易吸水，水分难以挥发，为了防止墙体发霉，我们通常在卫生间及其附近的墙体底部浇筑一道 15 ~ 20 cm 高的防潮地梁。

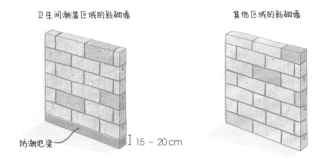

　　浇筑地梁就像在模具里做面包。准备好模具后，往里面填细石混凝土，等细石混凝土凝固之后脱模成型。每个师傅的习惯不同，有的习惯用细木工板来制作模具，有的喜欢用轻体砖制作模具，这里用了两层 10 cm 厚的轻体砖。

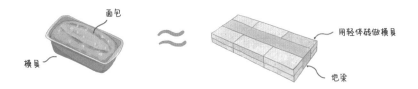

❶ 地面和轻体砖都是湿的，两者含水率相匹配，细石混凝土的水分不会流失得太快。

❷ 防潮地梁的模具做好了。

❸ 填细石混凝土之前，先要确定钢筋的位置。

❹ 搅拌好水泥砂浆之后，往里面填一些小石子，制成细石混凝土。

❺ 细石混凝土填到一半时，再植入钢筋。

❻ 用搅拌好的细石混凝土填满模具。

❼ 地面并不平整，用水平仪找平地梁。

❽ 找平完的地梁。

❾ 第二天，细石混凝土凝固了，拿掉旁边的轻体砖，地梁砌筑完成。

第4步 开始砌墙

　　师傅在砌筑好的防潮地梁上采用工字形砌砖。这里用的是黏合剂，而不是水泥砂浆。虽然黏合剂的价格比水泥砂浆贵一点，但它更紧实，黏性更好，干得更快，因此也更加牢固。

❶ 涂刷墙固，凝固表面的细砂，可以增加轻体砖与地梁、墙面之间的黏性。

❷ 从第一层开始砌筑，砖上面一定要涂满黏合剂，不能有空隙。

❸ 做完第一层，用靠尺检查是否平齐。

❹ 在铺第二层砖之前，需要拉一根钢筋。

先在墙上钻孔。

把钢筋塞进孔内。

在墙体转角处，钢筋也要跟着弯折过来。

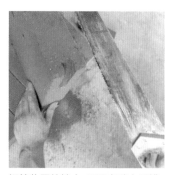

钢筋收尾的地方，需要在砖上开槽。

用钢筋把墙体勾住，这样才会更加牢固。

有的瓦工师傅会用两道钢筋砌墙，这是为什么？

那是因为砖的厚度大于10cm，咱们用的轻体砖是10cm厚，一根钢筋就行。

如果砖的厚度大于10cm，就要用两道钢筋来加固。

❺ 拉好钢筋后，用黏合剂填满钻孔的地方，这样植入的钢筋就不会来回晃动了。

❻ 每两层拉一根钢筋，继续一层一层往上砌。

❼ 窗洞和门洞的位置要加方钢。

❽ 这里将整砖切成 L 形和凹形，没有用小砖拼凑。

❾ 用黏合剂把缝隙填补平整。

完成之后。

新砌墙体的注意事项有以下两点：

三个"不"：砖上面一定要涂满黏合剂，不能有空隙；不能用碎砖；不能用薄砖。砖的厚度至少要有 10 cm，用碎砖、薄砖砌的墙不如整砖、厚砖结实。

两个"要"：要拉钢筋，要泡湿砖。钢筋的位置：在第一行砖上面拉一根筋，往上每两层砖拉一根筋。钢筋要从头到尾一根贯穿，一头穿进原始墙体，另一头勾住砖进行固定（钢筋不够长的情况除外）。泡湿砖：黏合剂是潮湿的，砖也是潮湿的，两者含水率一致时黏性最大。

2 后续的施工工作——挂网抹灰

瓦工新砌完墙体之后，我就要赶往下一个工地了解刷墙的工艺。小王师傅还在继续挂网、涂抹水泥砂浆并找平，就是我们俗称的挂网抹灰。做完这些工作之后，就等油漆工师傅大展身手了。

拉钢丝网。

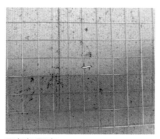

用气钉固定。

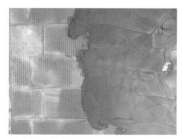

用水泥砂浆找平。

第 2 章

水电工程

| 家庭电路的工作原理 |

| 如何规划全屋的开关、插座？ |

| 水电改造的基础流程 |

家庭电路的工作原理

你是不是对水电路知识一窍不通，一看见各种水电管线、开关就慌乱？本节先来介绍电路的基础知识——装修最难懂的环节。如果搞懂了电路常识，装修的其他环节就会变得轻松简单。

1 一个电路是什么样的?

从发电站到一盏落地灯

电是从发电站被送往小区电箱，再从小区电箱送到各家的电表箱，再送到强电箱，通过电线传送到我们需要的地方。电箱和插座在明处，电线在暗处。

插座回路和照明回路

线路可分为插座回路和照明回路两种。插座回路由电箱、空气开关（带漏电保护器）、电线、线管和插座组成。照明回路由电箱、空气开关、电线、线管、灯和开关组成。普通家用电路通常会铺设约 10 个回路。

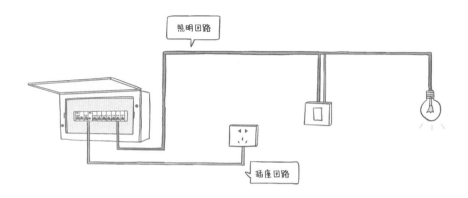

电箱是什么样的？

通常电箱在玄关，为了防止触电，高度在 1.7 m 以上。电箱有强电箱和弱电箱两种，其中强电箱为家里提供日常用电，电压 220 V，比较危险；弱电箱连接电脑、电话线等，比较安全，一般在低处。这里重点介绍强电箱。

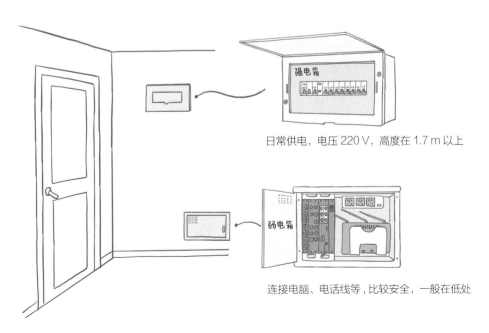

日常供电，电压 220 V，高度在 1.7 m 以上

连接电脑、电话线等，比较安全，一般在低处

强电箱里面有很多个小开关，每个开关控制着一个回路，这个开关叫作"空气开关"。它有一种特殊功能——限定电流强度，即超过限定的电流强度，就会自动关闭（跳闸）。

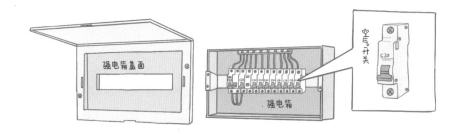

电线和线管

电线的作用是把电从电箱运送到需要的地方。线管的作用是保护电线，一根管里穿了2～3根电线，组成一路电。

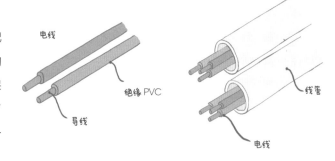

水电改造时，我们看到的是线管，通常线管在明处，电线在暗处。

水电施工时的线管。

电线和空气开关要匹配

电线的粗细不同（电线截面积大小不一），常见的有 2.5 mm²、4 mm²、6 mm²，电线越粗，承载的电流越大。空气开关的大小也不同，即它限定的电流不同，家用空气开关有 16 A、20 A、25 A、32 A、63 A，超过这个限定电流，空气开关就会自动关闭。

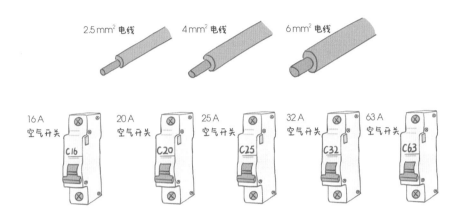

就像一个房间最多只能容纳 15 个人，如果完全进来 15 个人就会太拥挤，因此当进去 8 个人时，门就会自动关闭。

进来 8 个人时，门自动关闭，大家的体验感会更好。

空气开关和电线也遵循上述原理。比如某根电线的额定电流是 30 A，空气开关会在电流达到 25 A 时自动关闭。因为一旦电线在 30 A 以上超负荷工作，就会发热，烧毁线路和电器，空气开关能很好地防止这种危险情况的发生。

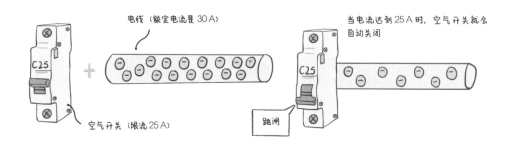

我们最常用到的电线截面积是 2.5 mm² 和 4 mm²，其中 2.5 mm² 电线搭配 16 A 或 20 A 的空气开关，4 mm² 电线搭配 20 A 或 25 A 的空气开关。

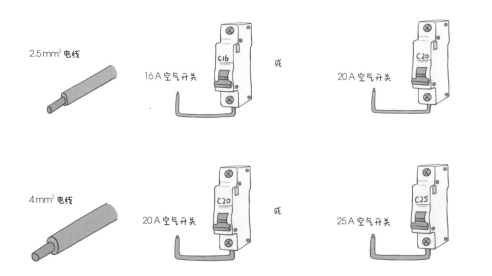

空气开关和漏电保护器有何不同?

◎外观不同

空气开关是电表箱里的一个小开关，漏电保护器则附在空气开关上。

◎保护对象不同

空气开关保护它所连接的电线和电器，电流过大时会自动关闭，防止电线和电器被烧毁。

漏电保护器保护的对象是人，人体触电时会自动关闭。

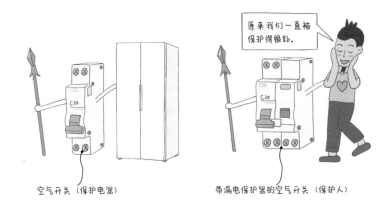

原来我们一直被保护得很好。

空气开关（保护电器）

带漏电保护器的空气开关（保护人）

◎空气开关是标配，漏电保护器是选配

每个回路都有一个空气开关，但并不是每一个空气开关都带有漏电保护器，只有经常插拔的插座回路需要带漏电保护器。

漏电保护器

不小心触电，我还活着!

这边不易触电!

2 选择电箱前，先确定你家需要几路电

电箱和线路需要根据各家的情况来定制。通常，一个家庭需要 10 个回路。房间的面积越大，需要的回路越多；大功率电器越多，所需的回路也就越多；回路越多，空气开关就越多，电箱也会越大。回路不同，搭配的电线、空气开关也不同。

听起来是不是有些复杂？本节重点讲解如何确定自家需要的电路，以及各个线路搭配的空气开关，大家照着做就行。

家里需要铺设几路电？——分类套用

家里到底需要铺设几路电？线路太少不方便维修，容易跳闸；线路太多浪费钱——水电路报价通常都是按米来计费的。建议把家里的线路分为三大类——必备线路、大功率电器线路和单独控制的线路。

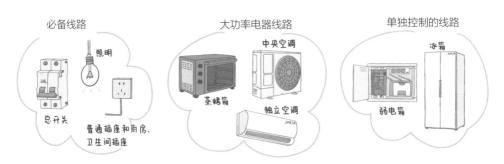

第一类，必备线路，总共有 5 路，如下表。需要提醒的是总开关的电线截面积通常为 6 mm²或 10 mm²，由小区的线路决定；房间面积越大，电路会越多。比如室内面积超过 100 m²，照明开关和普通插座可以走 2 路电。

必备线路规划表

控制的线路	总开关	照明	普通插座 (除卫生间和厨房)	厨房插座	卫生间插座
空气开关的样式	C63	C16	C20	C20	C20
空气开关 限定的电流	63 A	16 A	20 A	20 A	20 A
空气开关的型号	2P	1P+N	1P+N	1P+N	1P+N
是否带漏电保护器	否	否	是	是	是
电线种类	6 mm² 或 10 mm²	2.5 mm²	2.5 mm²	4 mm²	4 mm²

第二类，大功率电器线路，通常有 2～3 路，如中央空调、独立空调、蒸烤箱和电热水器等，需要单独走一路线，避免跳闸。

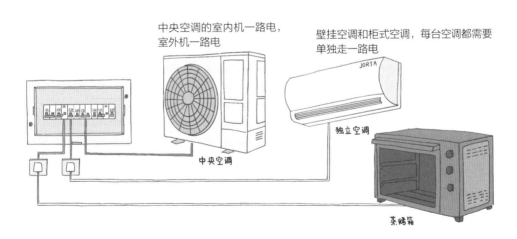

中央空调的室内机一路电，室外机一路电

壁挂空调和柜式空调，每台空调都需要单独走一路电

独立空调

中央空调

蒸烤箱

单独走一路线，否则跟厨房的热水壶、破壁机同时工作时，容易跳闸

31

大功率电器线路规划表

控制的线路	空气开关的样式	空气开关限制的电流	空气开关的型号	是否带漏电保护器	电线种类
大功率电器		20 A、25 A、32 A	1P+N 或 2P	是（空调除外）	4 mm² 或 6 mm²

第三类，单独控制的线路，如冰箱。适合经常出差的人，可以在外出时断掉其他回路，仅为冰箱供电。弱电箱控制闸不常见，如果电表箱里还有其他空间，可以留出一路给弱电箱，想重启路由器时，直接拉闸关掉，也可以作为备用电线。

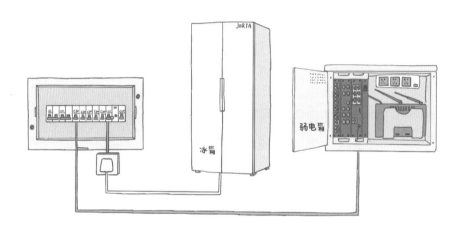

借鉴别人家，学习套用分类法

小美家套内面积为 70 m²，两居室，一共走了10路电。其中必备线路5路（总开关、照明、普通插座、厨房插座、卫生间插座），大功率电器4路（3个房间的空调、烤箱），单独控制一路（冰箱）。

小美家平面图

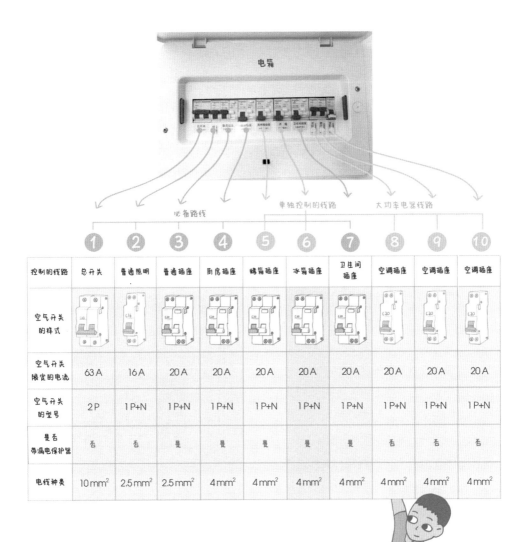

控制的线路	总开关	普通照明	普通插座	厨房插座	蜻蜒插座	冰箱插座	卫生间插座	空调插座	空调插座	空调插座
空气开关的样式										
空气开关限定的电流	63 A	16 A	20 A	20 A	20 A	20 A	20 A	20 A	20 A	20 A
空气开关的型号	2P	1P+N	1P+N	1P+N	1P+N	1P+N	1P+N	1P+N	1P+N	1P+N
是否带漏电保护器	否	否	是	是	是	是	是	否	否	否
电线种类	10 mm²	2.5 mm²	2.5 mm²	4 mm²	4 mm²	4 mm²	4 mm²	4 mm²	4 mm²	4 mm²

如何规划全屋的开关、插座？

小爱进卧室时，推门的瞬间下意识地开了灯；睡觉前躺在床上一歪身就给手机充上了电，并关了灯；半夜起身走进卫生间，墙脚处不起眼的一盏小夜灯温柔地亮起……本节介绍如何安排开关、插座的位置，让生活更舒适。

1 开关、插座最顺手的位置

开关这么安排最顺手

想让开关用起来顺手，开关灯不绕远路，有三点注意事项。

第一，开关的位置与生活动线密不可分。开关通常安装在房间入口和床头，方便我们随手开关灯。开关的位置既可以在房间里，也可以在房间外。人们习惯在卧室内开关灯，在厨房、卫生间外开关灯。

开关的高度为距地 1.3 m，差不多与成人的肩高一致，抬手就能够到。开关距离门框边缘 10 ～ 20 cm 宽，这个距离可以在进出门时一手开关门、一手开关灯，确保动作连贯。此外，室内门大都是内推门，如果开关设置在房间里，一定不要把它留在门后。

　　第二，卧室，以及有进出两个口的其他空间，都可以设计双控开关。生活中有 4 个场景会用到双控开关：卧室门口和床头、楼梯上下两端、客厅两端、走廊两端。

卧室门口和床头，进门入口处一个开关，床头柜上面一个开关，避免有睡意时爬起来关灯。

楼梯上下两端，楼梯上一个，楼梯下一个，否则开关灯还得楼上楼下跑，甚至摸黑爬楼。

走廊两端，路线比较长的走廊也可以设计双控开关。

客厅两端，分别安装在玄关和卧室门口，进门时开灯，进卧室时随手关灯。

　　第三，改变设计方案时，第一时间考虑开关的位置。我朋友原计划做 1.8 m 长的定制衣柜，并预留了开关位置，后来临时改成了购买成品衣柜（1.9 m 长），结果开关被挡在了衣柜后面。

图解最顺手的插座位置

玄关

定制柜插座 2 个斜五孔插座。

【位置】 高于台面上方 10 cm。

【提醒】 将插座直接安装在定制柜上，而非墙上，需要在家具上开孔。

如果是成品玄关柜，插座可以位于在柜子上方 10 ~ 30 cm 高的墙面上。

扫地机器人插座 1 个斜五孔插座。

【提醒】距地 10 ~ 30 cm 高，踢脚线的高度约 8 cm，留在踢脚线上面。

客厅

距地 30 ~ 40 cm 高，不在视觉中心点，不影响美观，电线不会拖到地上。

备用插座 在沙发两侧各留 1 ~ 2 个斜五孔插座，方便给手机、平板电脑等充电。

【位置】 距地 30 ~ 35 cm 高。

柜式空调插座 16 A 三孔插座。

【位置】 距地 30 cm 高。

电视机插座 4 个斜五孔插座。

【位置】 距地 40 cm 高，此处一般会有 1 个有线电视接口、1 个网线接口和 4 个插座。

卧室

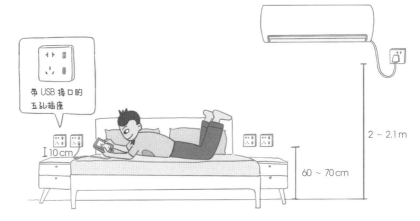

床头插座 带 USB 接口的五孔插座，方便给手机充电，床头两侧各 1～2 个。

【位置】 距地 60～70 cm 高，高出床头柜 10 cm。

壁挂空调插座 1 个斜五孔插座，16 A 或 10 A（根据空调的型号来选择）。

【位置】 高度在 2～2.1 m 之间，离空调越近越好。

餐厅

定制餐边柜插座 2 个斜五孔插座，方便热水壶、咖啡机等小电器使用。

【位置】 操作台面上方 10～30 cm 高，建议稍低一些，因为插座会被小电器挡住。

餐桌墙面插座 1 个斜五孔插座，如果餐桌靠墙，可以把插座安装在墙上。

【位置】 高度为 85 cm，高于餐桌 10 cm；或者 65 cm 高，在餐桌下面 10 cm 的位置。

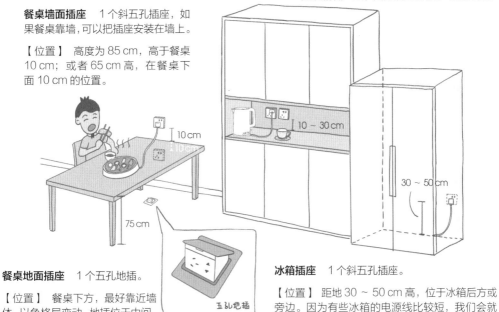

餐桌地面插座 1 个五孔地插。

【位置】 餐桌下方，最好靠近墙体，以免格局变动，地插位于中间。

冰箱插座 1 个斜五孔插座。

【位置】 距地 30～50 cm 高，位于冰箱后方或旁边。因为有些冰箱的电源线比较短，我们会就近安排插座。如果冰箱电源线足够长，但旁边又没有位置，建议把插座留在冰箱上方。

厨房

抽油烟机插座　1个斜五孔插座。

【位置】 高度在距地2.2 m以上，正好位于抽油烟机正上方；有的厨房吊顶比较低，插座可能会被安装在吊顶里，毕竟常年不会插拔；不能安装在抽油烟机背后和旁边。

橱柜柜体灯插座　1个斜五孔插座，柜体灯若直接跟电源连接，则不需要插座。

【位置】 如果预留插座，高度是1.7 m左右，也可以跟抽油烟机共用一个插座。

【提醒】 柜体灯分为有插座和无插座两种，如果没有插座，直接连接到预留好的电源即可。

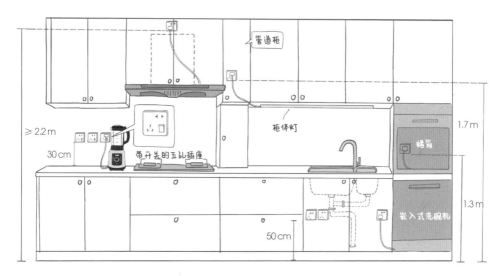

台面插座　带开关的五孔插座，直接关闭开关，不用总拔插电源。

【位置】 台面上方30 cm。

【提醒】插座不是越多越好，3～5个即可。

水槽下方的插座　2～3个斜五孔插座，方便净水器、小厨宝、垃圾处理器使用。

【位置】 距地50 cm高。

嵌入式电器插座　2～3个斜五孔插座，方便蒸烤箱、洗碗机使用。

【位置】插座留在电器柜中，高50 cm。蒸烤箱在高处时，插座高度为1.3 m。进深较大的洗碗机插座留在旁边水槽柜里，在柜体的侧板上打孔，电源线从侧板穿过来。

【提醒】 蒸烤箱的功率比较大，应单独走一路电，常用16 A三孔插座。

卫生间

热水器插座　16 A 三孔插座。

【位置】　距地 2 ～ 2.1 m 高，通常安装在热水器一侧。

洗手台插座　1 个斜五孔插座，方便吹风机、电动牙刷使用。

【位置】　高于台面上方 30 cm。

【提醒】　如果吹风机不经常插拔，建议使用带开关的插座。

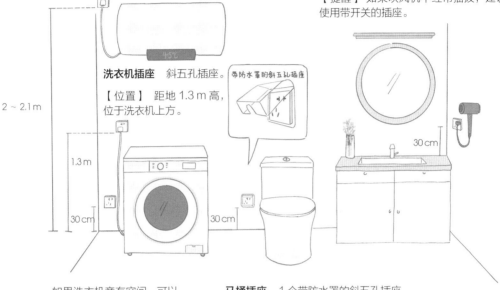

洗衣机插座　斜五孔插座。

【位置】　距地 1.3 m 高，位于洗衣机上方。

带防水罩的斜五孔插座

如果洗衣机旁有空间，可以把插座安排在洗衣机侧下方，距地 30 cm 高的位置，确保洗衣机靠墙。

马桶插座　1 个带防水罩的斜五孔插座。

【位置】　距地 30 cm 高。

插座设计的注意事项

　　第一，不要和其他物体相冲突。插座和门框、踢脚线、定制家具很容易"打架"，特别是和定制家具搭配时，插座的位置必须精准。插座被挡多半是因为定制家具设计师做方案时忽视了插座位置。

第二，更改设计方案时，需要兼顾插座的位置。如果移动了某个电器，插座的位置应随之调整。

第三，固定电器的专属插座最好就近安置。洗衣机、空调、冰箱都需要专属插座，插座最好在电器旁，且越近越好，不能设计在电器背后，因为这些电器都是贴着墙摆放。也有一些特殊情况，比如洗衣机和烘干机叠放时，四周没有合适的位置，但后方有空间，可以把插座安排在电器背后。

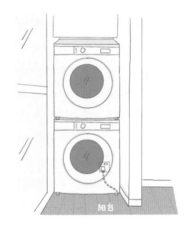

第四，备用插座和基本不用拔掉的插座，尽量弱化存在感。备用插座可以设计在距地30～40 cm的高度，不必太显眼。柜体灯、镜前灯、抽油烟机的插座基本不会拔插，尽量把它们安排在看不到的位置。

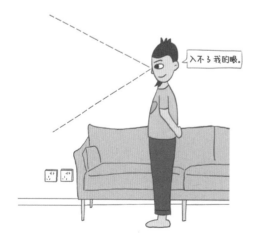

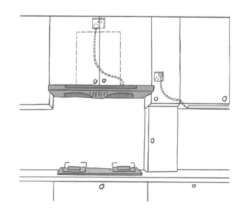

　　第五，经常拔插的充电插座，高度要舒适。小高家的插座有躺、坐、站三种高度，都符合他的生活习惯，这些经常拔插的位置，以方便、实用为主。

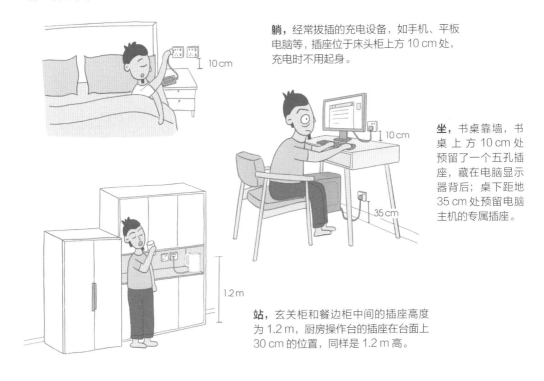

　　躺，经常拔插的充电设备，如手机、平板电脑等，插座位于床头柜上方 10 cm 处，充电时不用起身。

　　坐，书桌靠墙，书桌上方 10 cm 处预留了一个五孔插座，藏在电脑显示器背后；桌下距地 35 cm 处预留电脑主机的专属插座。

　　站，玄关柜和餐边柜中间的插座高度为 1.2 m，厨房操作台的插座在台面上 30 cm 的位置，同样是 1.2 m 高。

2　如何巧妙隐藏插座和电源线？

极简风居室中被隐藏的插座和电源线

　　王先生家是现代极简风格，插座和电源线藏都在电视柜里。柜子里有 3 个五孔插座、1 个有线电视接口和 1 个网线接口，柜子右下方还有 1 个五孔插座，这些插座和接口都被合理地隐藏起来了。

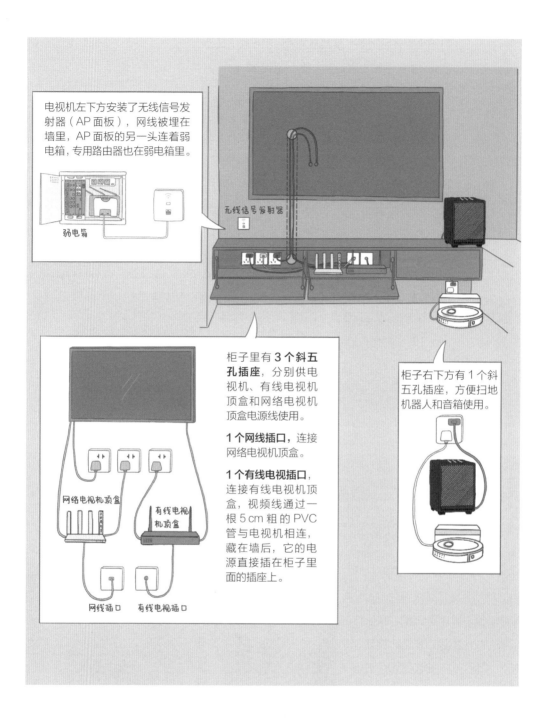

电视机左下方安装了无线信号发射器（AP面板），网线被埋在墙里，AP面板的另一头连着弱电箱，专用路由器也在弱电箱里。

弱电箱

无线信号发射器

柜子里有**3个斜五孔插座**，分别供电视机、有线电视机顶盒和网络电视机顶盒电源线使用。

1个网线插口，连接网络电视机顶盒。

1个有线电视插口，连接有线电视机顶盒，视频线通过一根5cm粗的PVC管与电视机相连，藏在墙后，它的电源直接插在柜子里面的插座上。

网络电视机顶盒

有线电视机顶盒

网线插口　　有线电视插口

柜子右下方有1个斜五孔插座，方便扫地机器人和音箱使用。

如何隐藏可移动电视柜中的各种线？

传统做法是将电源线、插座等露在外面，这样既容易显乱，又不好打理。另一种做法是预埋 PVC 管，在电视机后方开槽，预埋一根 5 cm 粗的 PVC 管，然后把电视机的电源线、有线电视线等从里面穿过来，在电视柜里完成各种连接。

也可以在电视机柜上方预留 2 个插座，方便日后使用。有的人会把有线电视接口和电视机的插座直接留在电视机后面，这样电源线会耷拉下来一部分，影响美观。建议把插座和有线电视接口都留在柜子里，这样会显得更加清爽整洁。

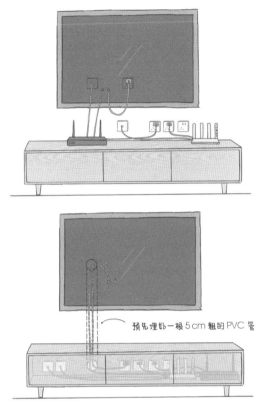

预先埋地一根 5 cm 粗的 PVC 管

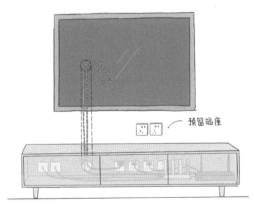

预留插座

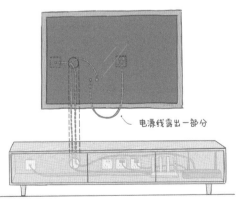

电源线露出一部分

如何隐藏定制柜中的各种线？

通常定制柜中有专门的格子来放置小设备。第一种方式是在层板上直接打孔，这种方法比较常见，工艺也比较简单。第二种方式是在家具背板上打 2 个孔，然后将线从后面穿过来，这要求家具背板不能靠着墙，并为电源线留出 5 cm 宽的距离。

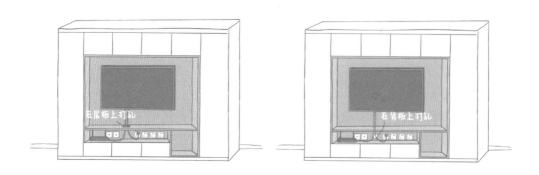

没有地插，办公桌也能干干净净

下图的客厅中间放了一张办公桌，桌上有显示器、主机箱、小音箱，以及手机、平板电脑的插座等。通常我们会设计一个地插，把插线板放在桌上，但他们家地上和桌面都干干净净的。原来设计师在桌腿上打了两个洞，把线穿进桌腿里，再接上插座，并把插座固定在桌子背面，完美解决了插座和数据线外露显乱的问题。

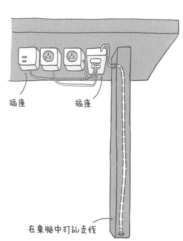

水电改造的基础流程

"我以前住的老房子，一到夏天开空调的时候就频繁跳闸，据说重新打开电闸可能会烧坏家电，甚至引起火灾，我总是提心吊胆的。水电改造可是隐蔽工程，您知道有哪些需要特别注意的细节吗？"

带着这位业主的疑问，我决定去东湖湾小区记录水电改造的全过程，以及需要特别注意的地方。这家的水电改造将由史师傅和张师傅共同完成，施工时间大概为 20 天，本节先从水电改造的材料说起。

材料已经配送到位了。

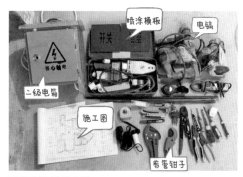

工具也已经备齐了。

1　要想水电稳定，材料的质量是关键

监理小刘正在检查水电材料，并一一拍照发送给业主，材料的品牌、型号以及质量验收标准也会一并发过去。水电路是隐蔽工程，涉及的材料至少要用六七年。水龙头坏了，买个新的就行，水电材料后期出现问题，维修成本太高，因此质量一定要靠得住。

电路改造所用的电管和配件均为 ×× 品牌，材质是无铅无毒的 PVC，类型为 20 管和 16 管（外部的直径为 20 mm 和 16 mm）。其中红色为强电管，黄色为弱电管，经现场断管抽检，如照片所示，管壁厚度均匀，无明显变化。

假货的价格比正品要便宜一半，但绝缘层容易硬化断裂，铜芯的承载力也很低，导致电线过热，因此很容易短路，烧坏整个电路和机器，严重时还会引起火灾。水电材料的真假难辨，我们现在常用的是有追溯码的品牌，扫描就能验证真伪，比较方便。

电管及配件

电管也叫穿线管，作用是保护电线。电管的质量可以从以下四个方面来检查。

<u>一闻味</u>：闻一闻有没有味道，质量好的电管通常无任何气味，而质量差的会有难闻的味道。<u>二弯折</u>：电管是 PVC 材质，质量好的电管弹性好，可弯折；质量差的容易折断。<u>三断管</u>：随机剪断几根线管，质量好的线管厚度均匀，而质量差的线管厚度不一。<u>四看商标</u>：正品线管上的商标字迹清晰，如果购买了假货，线管上面的商标字迹很容易磨掉，模糊不清。

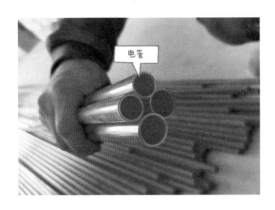

开关、插座的底盒叫接线盒，每个接线盒后面都有二维码，可以扫描检验真伪。电管的连接件看起来很厚实，每一件产品上都有凹凸的型号或品牌印刷字迹。

电线

电线的颜色不同，作用也不相同。红色是火线，蓝色是零线，黄绿色是地线。每个插座后面都有这三根线，它们的位置不能接错，后期验收时我们会对此单独检查。

用溯源码检查电线的真伪。每包电线上面都印有型号、安全标识和防伪二维码。市面上的假电线很多，难辨真伪，因此我们选择了有溯源码的电线，现场扫码、输入编码即可验真伪。

各种电线。

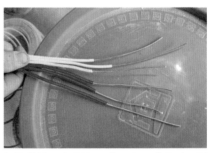

铜线抽检，有 2.5 mm² 和 4 mm² 两种，剥开表皮之后，看到的铜芯应粗细均匀。

水管

水管需要非常结实才能保证经久耐用，PP-R 材质的水管抽检，我们通常会从以下三个方面来判断，分别是看、摸、闻。

看：剪断几根水管，看整条水管的粗细是否均匀。

摸：质量好的水管里外摸起来都是光滑的，没有颗粒或气泡。

闻：闻一闻有没有气味，质量好的水管没有任何胶皮味。

水管上印有产品的防伪编码，输入编码即可查询。

水管配件，上面印有型号和品牌。

总之，确保水电材料质量可靠，我们要做到两点：首先确保是正品——有溯源码或从正规渠道购买，其次要去现场检查质量。

监理小刘用了 1 个小时检查完了所有的材料，接下来师傅要开始铺设水电路了，他们将会从标记所有管线的位置开始。

2 严谨有序的电路铺设流程

师傅们会从强电箱和弱电箱中引出若干条电路，有照明线路、插座线路等，然后在这些线路上穿入电线，最终将电箱与需要用电的地方连接起来。

电路铺设主要分为五个步骤：标记管线的位置、开槽并安装临时电箱和接线盒、铺设电管、穿电线和电箱排线。其中前两个步骤的水路和电路是同时进行的。这家的面积是 202 m^2，为四居室，包括总开关共有 11 个回路。

监理小刘将已经规划好的电箱回路抄写在墙上，方便后期检查。

电箱回路规划表

线路	总开关	照明	普通插座（客厅、书房）	普通插座（卧室）	厨房	冰箱	烤箱	卫生间	新风系统	空调（室内）	空调（室外）
空气开关的样式											
空气开关限定的电流	63 A	16 A	20 A	20 A	20 A	20 A	20 A	20 A	16 A	16 A	32 A
空气开关的型号	2P	1P+N	1P+N	1P+N	1P+N	1P+N	1P+N	1P+N	1P+N	1P+N	2P
是否带漏电保护器	否	否	是	是	是	是	是	是	否	否	否
电线种类	6 mm^2 或 10 mm^2	2.5 mm^2	2.5 mm^2	2.5 mm^2	4 mm^2	4 mm^2	4 mm^2	4 mm^2	2.5 mm^2	2.5 mm^2	6 mm^2

第1步 **标记管线的位置**

我们画画的时候会先打铅笔线稿，然后再上色。铺设水电路也一样，应先根据施工图纸在现场标记出所有的管线、开关插座、灯具、上下水等的位置，然后再核对是否有问题，确认无误之后再开槽铺设。

❶ 用水平仪测量，确定位置。

❷ 用喷漆标记开关、插座的位置。

❸ 在房顶、墙上、地上弹线，将来会在这里铺设水电管。

❹ 用了2天的时间，整个房间水电路的位置都标记好了。

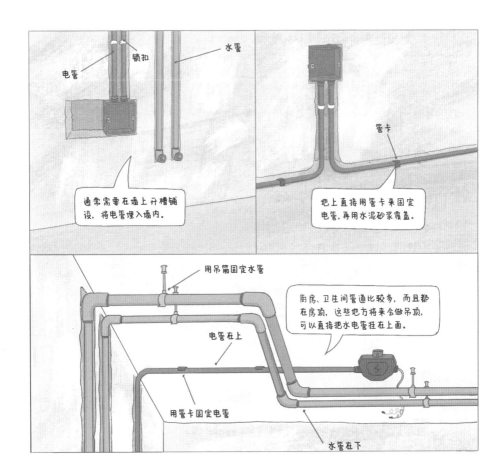

施工没有一个放之四海而皆准的标准，不同地域会有不同的施工方式，甚至每个工人的工作习惯也不相同。但无论习惯如何，最重要的标准就是安全第一。

第2步 开槽，并安装临时电箱和接线盒

标记好位置后就可以开槽了，开槽的同时会安装接线盒。开槽布线之前要接临时电箱，也叫二级电箱，这是为了保证安全。

开槽之前要接临时电箱（二级电箱）。

它是怎么保证安全的？

拆除的过程中，原始电路会被破坏，漏电保护器也起不了作用，电路改造的过程中容易电到人。二级电箱像给现在使用的电路加一个漏电保护闸，能够确保电路改造时电不到人。

你看，显示"接线正确"就意味着安装成功了。

一会儿就用到接线盒了。

是的，接线盒是基座，型号得匹配。

您拿的86型接线盒是最常见的一款，我记得有位业主家安装了这款接线盒，却买了118型开关，导致后期无法正常安装。

118型接线盒分不同的型号，只能安装相应大小的开关和插座面板。

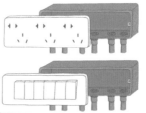

在墙面开槽，安装接线盒

❶ 用水平仪打出开槽的线路。

❸ 为了避免开槽时产生太多灰尘，师傅用自带的小水泵喷水。

❹ 用电镐把切开的位置剔成槽。

❷ 用切割机切出电管和接线盒的位置。

❺ 开完槽后，把电管和接线盒放在槽中，看是否能够全部没入其中。

1cm

张师傅，我记得之前一位网友留言说，电管之间、电管和槽壁之间要有1cm的空隙，方便后期把水泥掩埋瓷实，不然容易形成空鼓。

是的，但不适用于所有的场景。因为并非所有的槽都能满足这个条件。有的墙体本来就很难开槽，还有的接线盒接了四根电管，这些情况就不建议留1cm的距离了。

你看这个水路开槽也要检查槽的宽度和深度，水管应完全没入其中，并且两侧要预留缝隙。

❻ 安装接线盒之前，先用清水打湿，去掉浮尘，使接线盒更加牢固。

❼ 搅拌快粘粉。

❽ 用快粘粉固定接线盒。

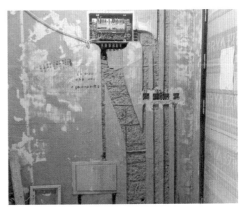

❾ 在电箱下方开一个比较宽的槽，因为所有的线路都将在此汇集。这是电路改造中很关键的步骤，需要提前规划好这 11 路电的排列方式。

❿ 开完槽，用电钻打孔并塞入胀栓塞，将来铺设电管时，方便根据开槽的走向固定。

在顶面安装管卡

厨房和卫生间的水电路都要走顶，因为将来要做吊顶，所以不需要开槽，直接用膨胀螺栓把分线盒和管卡固定在房顶上。电路在上，水路在下，水管用吊筋固定。卧室没有吊顶，也需要开槽。

这是分线盒，一根电路可以分出 2 ~ 3 路电。

这是电管卡子，用来固定电管。

在卧室顶部开 S 形槽。

在地面局部开槽

我们在北京遇到的二手房，基本上都会把地面的找平层全部拆除掉。因为地面开槽走水电、补槽、全屋找平，这些流程加起来的费用比拆除原始找平层还要高。大部分业主都会选择拆除地面水泥层之后，直接在地上铺设水电管。但这家的情况比较特殊，水泥层下面有地暖，拆除找平层会破坏地暖，因此史师傅决定在地面局部开槽，比如电管交叉处、预埋接线盒的地方。

在地面开槽。

地插底盒的材质不同于其他的接线盒，跟面板一样是金属的。

中午休息的时候，史师傅还给我指出了几处墙里有钢筋不便切断的情况，他需要想办法避开。

你看这里，钢筋阻碍了插座面板，需要把插座向下挪几厘米。

还有这里，钢筋直接占了接线盒内部的空间。

这里横向的钢筋太多，需用细一点的蛇皮软管代替普通的 PVC 电管。

需要注意的是，要处理好 PVC 电管和蛇皮软管衔接的地方，将蛇皮软管塞入电管内，再用绝缘胶带将其缠绕起来，这样能很好地保护里面的电线。

用绝缘胶带缠绕 PVC 电管和蛇皮软管的衔接处。

如果上述三个办法都不行怎么办？

那就只能封石膏板了。

槽已经开好了，接线盒也安装完毕，噪声大和灰尘多的阶段终于过去了，接下来开始铺设电管。

第3步 铺设电管

槽和接线盒准备就绪，噪声大的阶段也过去了，接下来开始铺设电管。

地面和墙面的电管铺设

❶ 在地上走管，用管卡固定。

❷ 拐弯处，穿进去一根穿线弹簧，把电管拉弯。

❸ 两根电管相连的地方，用锁扣连接。

❹ 电管与接线盒也用锁扣连接。

❺ 埋到墙里的电管用管卡固定住。

❻ 连接电箱的电管，沿着铺设轨迹用管卡固定。

这是客厅的插座线路，有电视机、投影幕布和沙发背后的插座。

布电路管时，我们通常会采用这种大弧度的弯管来铺设，穿线、抽线都更加顺畅。

顶部电管的铺设

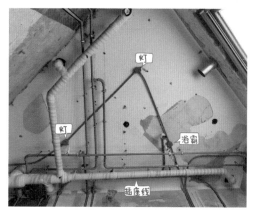

将顶部的电管直接固定在管卡上，这是卫生间顶部的灯和插座线路。

中央空调和新风内机的旁边预留了接线盒，将来可以引出一根电线直接连接机器，也可以安装插座，为其供电。

卧室顶部开了 S 形槽，里面铺设了蛇皮软管。

穿墙的电管，在墙体的洞口处填充发泡胶，既能固定线管，又可以防止两个屋子之间串味。

第4步 穿电线

电管铺设完毕，电路改造还差最后一步——用电线将电箱和需要用电的地方连起来。把电线穿入电管的工具是穿线绳。

穿线绳比较硬，方便在电管内穿梭。

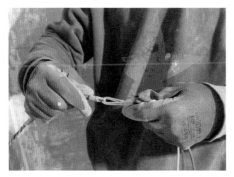

❶ 在绳子一端挂 3 条电线（火线、零线和地线），把电线从一个接线盒穿到另一个接线盒。

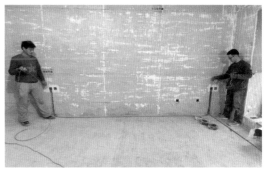

❷ 一个人负责穿线，另一个人从另一头取线。

❸ 取出电线之后，把穿线绳去掉。

❹ 要给从接线盒出来的电线留出足够的长度，然后切断，相邻的两个接线盒共用一路电线。

另一个接线盒的电线怎样连接呢？

它俩共用一路线，接下来我要接相邻的两个地插，你看一下就明白了。

以这根蓝色的零线为例，电线从线管里分出两根，分别供给两个地插。

电线与电线的连接是有标准的，铜线缠绕 6 圈半，然后再用绝缘胶带包裹好。有的人也会用线端子来固定，每个人习惯不同。

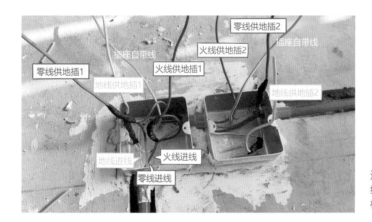

这是完成后的接线盒，火线、零线和地线都分出两根，分别供给两个插座。

所有电线穿完之后汇集于此，师傅给每一路电线做好标签，这样后期不容易出错。

第 5 步　电箱排线

由于这家墙里面的钢筋比较多，无法重新开槽安装电箱底盒，只能更换电闸。师傅需要把新买来的电闸接到旧电箱里。这项工作也很繁杂，因此要求十分严谨，连接时不能出现任何差错。此外，还很考验师傅的整体规划能力，应尽量避免电线相互缠绕，只有这样最终排完线的面板看起来才会整齐美观。

这是旧电箱里的面板，去掉原来的电闸，排入新的。

新电闸和电线连接成功。

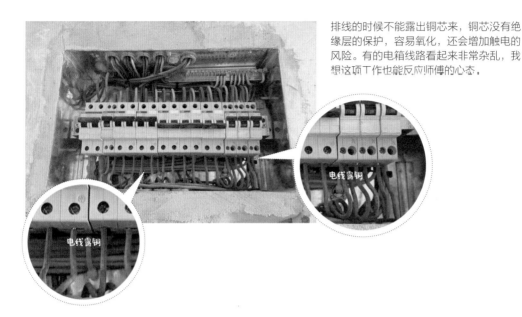

排线的时候不能露出铜芯来，铜芯没有绝缘层的保护，容易氧化，还会增加触电的风险。有的电箱线路看起来非常杂乱，我想这项工作也能反应师傅的心态。

将排好的面板连接到原来的电箱上，此时需要两人配合完成，一个人扶着，另一个人连接线路。

电箱排列完成，跟最初监理所列的电箱布局一致。

　　电箱改造持续了三个半小时，整个过程都很安静，两个人只是简单交谈几句工作，外面喧嚣浮躁的气氛丝毫不会影响他们。两位师傅带着一颗专注而平静的心，安装好了一根又一根电线，在这样的心态下做出来的线路一定会有条理又稳定。

　　电路改造的过程像在制作一款精密又复杂的手表。好的手表一方面靠材质，比如表镜有亚克力的，也有高度透明的强化玻璃；另一方面靠制表师的手艺，比如机芯的纹理和倒角打磨得是否细致，以及机芯各零件组装得够不够精密。

　　材料的好坏容易判断，但施工工艺的优劣实在难以辨别，希望这次记录电路改造的过程能帮助大家从更专业的角度来看待电路，看完之后心中自然会有鉴别的标准。

　　爷爷手腕上常年戴着一块手表，是我的曾祖父 20 世纪 40 年代买的瑞士梅花表。这款手表经历了七十多年的风雨，如今"脸上"已经伤痕累累了，可是那银色的细细的时针、分针、秒针还在嘀嗒嘀嗒地转动……

　　准时而耐用的手表靠的不仅仅是材质，更体现了制表师的手艺。

3 水路改造的施工流程

水路改造大体分为六个步骤：标注管线的位置、开槽、涂刷防水、铺设水管、安装出水弯头和打压试验。其中前两个步骤在电路改造部分已经介绍过了，我们直接从涂刷防水开始讲。

下图是业主家的进水水路系统示意，他们家安装了前置净水器、直饮水机、洗碗机、软水机，这些都需要提前预留好位置。

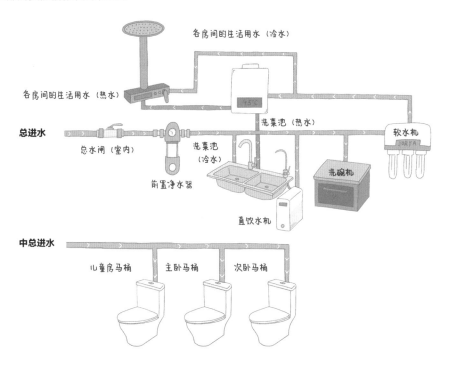

第1步 涂刷防水

所有因水路开的槽，无论在哪个房间，无论上下水，都要在槽内壁涂刷防水。因为除了水管会漏水，管壁也容易产生冷凝水，这样做能有效防止水向墙体内部渗透。一旦渗水，也可以第一时间发现。

❶ 铲平将要涂刷防水的地方，以增加涂料的附着力。

❷ 在槽内和周围均匀地涂刷防水涂料，并向槽两侧外延 10 cm 宽，这样做能有效防止墙体内部渗水。

第2步 铺设水管

铺设水管之前先要找到入户水管，掐断原水管，接上新水管，重新走水路。这家的总水阀在公共走廊的水井里面（有的总水闸在厨房角落的橱柜里），师傅刨开入户门前的地面，找到进水水管，并将新水管与原入户水管焊接上，然后开始铺设水管。

刨开地面后，可以看到之前铺设的冷水、热水、中水和地暖管。总水井里的水阀通常会标注出冷水、热水和中水，开关电闸检测一下就知道。

找到原始的冷水和中水管后，把新水管和原始入户水管焊接上。

❶ 水管与水管衔接时，需要用水管热熔器来焊接。

❷ 水管要焊接成"双眼皮"的形状，并且掌握好热熔的时间和温度，热熔过大会破面，热熔过小会虚接。

❸ 水管与顶部要留一些距离，为电路和新风系统、中央空调管道让出空间，因此固定水管时应每隔 80 cm 宽布置一根吊筋。

❹ 用热熔器焊接顶部的水管。

❺ 用吊筋将水管固定好。

❻ 遇到并排多路的水管，可以使用靠墙固定的方式。

水路走顶有三个好处：

第一，如果漏水，能及时发现。如果走地，漏水点不好找，还可能造成重大损失，比如泡坏地板、墙面、家具等；

第二，方便后期维修，如果漏水，拆几块吊顶就行，不用刨开地面；

第三，水管走地，需要在地面开槽，既麻烦，还会破坏厨房和卫生间的防水层（防水基层是必须平整的）；如果不开槽，就得把地面抬高2~3cm，这样会影响层高。

但有些情况需要走地，比如没有吊顶的餐厅和阳台。

史师傅，你觉得水路走顶好，还是走地好？

所以咱们能走顶的尽量走顶，实在不得已的情况再走地。

❶ 铺完所有的水管之后，将新布置的水管与最初铺设的两路入户水管衔接好。

有的水管会穿墙，墙上的洞口需要用发泡胶封堵，起到固定水管、防止房间之间串味的作用。

第3步　安装出水弯头

　　花洒、洗脸池、洗菜池上水都包含冷热两个出水口，装好出水弯头后，后期可以直接连接水龙头和花洒。洗手池的冷热出水口之间的距离没有特殊要求，一般花洒两个出水口之间的距离为15cm。

这是洗手池的出水口，高度约 50 cm，冷热两个出水口的距离没有特殊要求。

50 cm

花酒出水口的高度约为 1.1 m，两出口水之间的距离必须是 15 cm，因为花酒的开关都是固定尺寸。

15 cm

1.1 m

花酒必须用固定距离的出水弯头吗？

是的。手工调好距离后，如果瓦工后期不小心动了位置还需要重新调整；此外，必须保证这两个出水口水平高度一致。

❶ 这是淋浴房的冷热出水口，之前已经根据测量好的高度开好了槽。

❷ 用笔标记裁切的位置。

❸ 按照标记的位置截断。

❹ 截断之后,用热熔器焊接并安装。

❺ 淋浴房的冷热出水弯头之间的距离为
15 cm,而且水平高度必须一致。

第4步 打压试验

打压试验是为了测试水管连接得是否牢固,测试前要封堵出水口,关闭总水阀。在水管内注入水后,确保水对管壁的压力不低于 0.784 MPa,保持水流时间持续 30 分钟以上。这期间所有管道无渗漏、滴水,并且打压机没有明显掉压(压力指针下降 0.049 MPa 属于正常范围),则说明水管连接没有问题。

工作人员上门做打压试验。

此外,遇到比较复杂的线路,我们还会现场给业主解释每一根水管的作用,有时还会画示意图,方便业主梳理自家的水路走向。

水电改造全部完成，还差最后一步——涂刷地固，地固能凝结地面的浮尘。接下来，业主、设计师、材料商都会进进出出，这样做完房间会干净很多。

涂刷地固。

客厅水电完成效果。

下水管道的隔声防护措施

　　楼上冲马桶时会产生噪声，为了降低噪声，可以在下水管道上包裹吸声棉。通常，下水管道会被包在墙体内或吊顶里，前期如果没有做好防护，后期调整起来会比较麻烦。

这个黑色的聚酯纤维多孔隔声棉，能够减震、隔声。在外面缠上绷带是为了将隔声棉包裹得更紧实。只有塑料下水管我们才会这么缠绕，如果是老房子里的铸铁下水管，本身静音效果就很好，包裹隔声棉反而会加速生锈。

❶ 裁切隔声棉。

❷ 把隔声棉包在下水管道上。

❸ 缠上绷带，固定紧实。

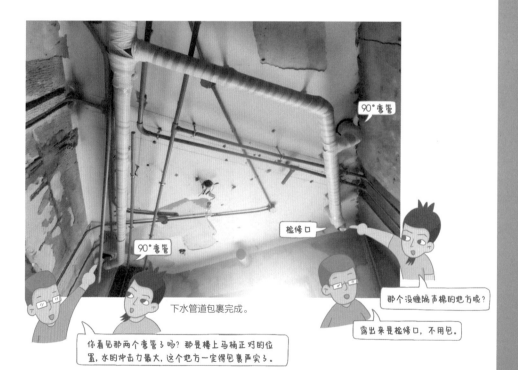

下水管道包裹完成。

你看见那两个弯管了吗？那是楼上马桶正对的位置，水的冲击力最大，这个地方一定得包裹严实了。

那个没缠隔声棉的地方呢？

露出来是检修口，不用包。

施工无小事,防患于未然；安全第一位,责任大于天。

写到这里，东湖湾小区的硬装已经完成了，业主正在挑选软装，计划过完春节就入住。今天翻看手机里的几百张施工照片时，我无意中发现了一张东湖湾小区窗外的夜景。记录水电改造的那个阶段，我没事儿就会在窗前站一会儿，刚好能看到望京的北小河，还有两边车水马龙、高楼林立的景象。

整个城市的运转离不开排水供水、雨水收集、发电站等完备的设施，而家里的马桶、热水、插座等再寻常不过的日常用品，给我们带来了如此便捷、温暖又舒适的生活。我们好像已经习惯了这些物品的存在，忽然有一天出现问题时，才会发现它们在我们生活中扮演着如此重要的角色。

感恩为此付出的每一个人，以及我们每一天有序的生活。

4 水电验收做好这四步

水电改造验收当天，业主、两位监理、工长和我（本案的设计师）都到齐了。这项工作比较琐碎，为了避免遗漏，监理会根据验收清单逐一检查。验收清单内容如下。

第1步 **总体检查**

水电布局

再次确认现场水电改造所用的材料，包括每路电线、电管、水管的品牌，检查防伪码。

对照施工图纸，检查预留的点位是否有遗漏，位置是否合理（通常由设计师来检查）。

若没有特殊情况，不能在墙面上升横槽走管。

检查管线是否绕远路，因为水电改造是按米数来收费的，有的工长会以此来增加费用。

水电管出现在同一个空间时，确保电路在上、水路在下。

管线牢固

检查顶部的水电管是否松动，用手摇一摇或用小锤子敲一下。

墙面开洞的地方用发泡胶填堵，确保管线不会来回晃动。

第2步 **电路检查**

检查电线

通过测电器检测火线、零线、地线是否连接正确，且通电正常；测试电箱的漏电保护器是否连接正常。

电线接头预留足够的长度，方便安装。建议预留尺寸：开关插座线预留长度大于 15 cm；灯线预留长度大于 50 cm，弱电线预留长度大于 30 cm。

每根电管里的电线不能超过三根，方便电线在里面来回穿梭。

检查电管

地面电管并排铺设时，间距大于 1 cm，将来回填水泥砂浆后会更结实。

强弱电平行铺设时，间距大于 30 cm；强弱电交叉铺设时，应给弱电管缠裹锡箔纸，防干扰。

第 3 步 **水路检查**

检查水管

固定水管的管卡间距要小于 80 cm，水管转弯区域的管卡间距要小于 20 cm，且固定牢靠。

检查水管出水口是否为左热右冷，如有特殊情况需标注清楚。

淋浴区冷热出水口的间距为 15 cm，且两个出水口必须水平高度一致。

涂刷防水。铺设水管时，墙面和地面开槽的内壁及两侧要涂刷防水，建议涂刷防水涂料时向槽两侧外延至少 10 cm。

打压试验。封闭状态下，确保水对管壁的压力不低于 0.784 MPa，持续时间为 30 分钟，这期间管道没有渗漏、滴水，打压机没有明显降压。

检查下水

检查所改造的下水管道接口是否牢固。

测试排水是否通畅。

第 4 步 **后续工作**

修改

验收当天列出水电改造中需要修改的问题，确认修改方式和完成时间。

拍照记录

验收当天在现场拍照记录。记录每个空间的水电改造，照片包含大空间、顶面、地面、重点区域等，便于后期排查维修。

把照片放在资料库，永久备份，并发给业主一份。

采购清单

统计开关、插座的种类和数量，提醒业主下一阶段的施工顺序，以及主材的测量或入场时间。

监理会在水电验收完之后，在现场与业主交接这些工作。

标记电闸

验收完毕之后，将电箱内各电闸的类型、所控制的线路一并列出，并告知业主。

两位监理一起验收检查，差不多用了 3 个小时，以下是部分现场的验收照片。

确认每路电线、电管、水管的品牌，检查防伪码核。

用小锤子敲一敲，看电管会不会来回晃动。

查看电线有没有接错，拉一下电线看看是否压实，检查电线是否漏出铜芯。

每根电管内的电线不能超过 3 根。

用专业测电器测试电路末端，检查电路是否正常通电，火线、零线、地线接线是否正确；按下漏电保护测试按钮，测试电箱的漏电保护器是否连接正常。（这是第一次测试，竣工时还会测试第二次）

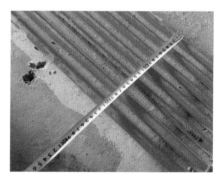

多路电管并排铺设时，间距要大于 1 cm。

插座接线盒电线预留的长度大于 15 cm。

灯线预留的长度超过 50 cm。

强弱电平行铺设时，两者的间距要大于 30 cm。

强弱电交叉铺设时，弱电管要缠裹锡箔纸，防干扰。

验收完每一路电线之后，监理标记出了电闸所控制的线路。

用尺子测量，看水管管卡之间的间距是不是小于 80 cm。

检查冷热水管的两个出水口间距是否为 15 cm。

看冷热水管的两个出水口是否水平一致。

检查完水管之后，在上面标出冷热水。

进行倒水实验，测试下水口是否流畅。

封堵下水口，防止后期施工时被垃圾堵塞。

竣工时，给每一路电闸贴上标签，方便后期使用。

这是水电验收后监理发给业主接下来的准备工作信息，验收当天监理会给业主逐一讲解。每家的准备工作都不太一样，我们会根据具体的情况来制定清单。

水电验收后，监理整理的电闸明细。

这是水电验收结束时，监理发给业主开关、插座采购清单。

水电验收历时 3 小时，整个过程有条不紊。回家的路上，我想起了《清单革命》一书里的一个故事。为了抢救一名溺水的小女孩，作者阿图·葛文德在重重压力之下使用"安全清单"来避免手术过程中出现小差错，最后化险为夷，顺利完成了复杂的事情。

装修施工的过程也像是给房间做了好几场大手术，一个工地需要同时对接五六个工种，至少十几位工人和十几家材料商，每天都有不同的人进进出出，还要历时几个月。任何疏忽都会给业主日后的生活带来不便，我们也可以采用清单的方式来解决这些问题，比如验收清单、材料确认清单、材料采购清单……每家的清单都不相同，我们会随时调整，并一一核对，这样就可以避免出错。

水电改造验收是整个施工过程中非常重要的一环。因为水电改造属于隐蔽工程，一旦设计或施工不合理，后期再修缮就会非常麻烦，且代价巨大。当天监理验收时，针对工人的一些小问题进行了总结。如下图，是我们验收时发现的问题。

监理一一列出了整改需求，并发在微信群里。应该不存在完美的施工，但清单可以帮助我们有序地进行施工。

第 3 章

瓦工工程

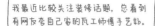

手艺好的瓦工这样铺砖

> 我最近比较关注装修话题，总看到有网友夸自己家的瓦工师傅手艺好。

> 我也想找个手艺好的瓦工，但不知如何分辨瓦工手艺的好坏。

司南

> 先给你说个事，去年我买了一款吹风机，用了两次没发现什么不妥。而我家属拿到手一看就觉得是假货，她说吹风机的做工、声音、风力都跟她以前在酒店用的相差甚远。知道是假货后我还一脸诧异，因为我觉得挺好用的。

> 你的意思是，我没有见过好手艺的瓦工铺砖，才看不出来好坏？

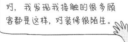

> 对，我发现我接触的很多顾客都是这样，对装修很陌生。

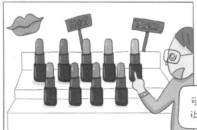

> 可不，让我去监督瓷砖铺贴，就好像让我去商场选口红，一脸懵。

司南买的瓷砖价格不便宜，他想监督瓦工师傅工作，但看不懂门道，只能看个热闹。于是，我决定去找一家工地拍照记录瓷砖铺贴的过程，帮助大家了解瓦工的施工流程和工艺。

北京朝阳区望京西园一家 92 m² 的两居室正在装修中。2021 年 7 月 17 日，瓦工师傅小王找平完墙面，并做了防水、闭水试验。5 天后，业主买的瓷砖送到了现场。紧接着小王师傅带着工具到工地开始铺砖了。

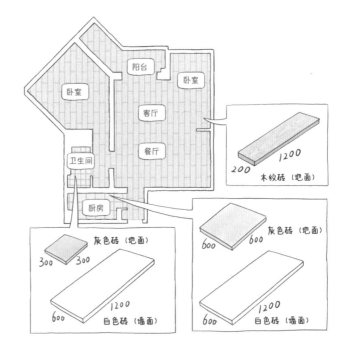

注：本书手绘图中的尺寸除注明外，单位均为毫米。

1 地面瓷砖的施工流程

小土帅傅的施工顺序是，厨房、客厅、餐厅、阳台、卧室的地砖，最后一步是卫生间的地砖。全屋地砖铺完之后才是厨房和卫生间的墙面砖。

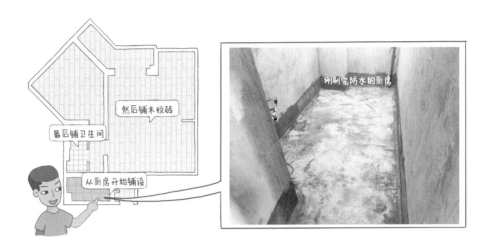

第1步 **确定铺设高度并做好标记**

先计算出全屋要找平的高度。地面不同的位置可能会出现些微的高低误差，因为全屋都铺设瓷砖，所以要确保地面在同一水平面上。

❶ 用水平仪绿色光标标记出水平基准高度，瓷砖高度需要水平仪的光标结合尺子来校准。

❷ 因为全屋都要铺瓷砖，所以应先计算好铺设的高度，拉十字线定位。

第2步 找平厨房

整个房间，包括厨房都要在同一个水平高度，因此先用水泥砂浆来找平高度。

❶ 在客厅找一个宽敞的地方，开始搅拌水泥砂浆。

❷ 把水泥倒在地上，再浇点水，用扫帚扫均匀。这样做能凝固地面的灰尘，使地面和水泥找平层更好地贴合。有的工人会涂刷地固。

❸ 将水泥砂浆铺设到预先设定好的高度，然后用2m长靠尺找平。

第3步 预铺设

找平完之后，开始预铺瓷砖——先不粘贴，仅把瓷砖放在上面摆一下。

❷ 铺贴的时候，箭头都朝向同一个方向（特殊的拼花砖除外）。

❶铺砖之前一定要用湿抹布擦洗瓷砖背面，清洗掉上面的灰尘，否则会影响后期的粘贴效果。

❸ 预先摆铺，压实水泥砂浆，用水平仪配合尺子调整高度。

❹ 测量裁切砖的尺寸。

❺ 这一排摆铺完毕，另一侧也铺上了水泥砂浆。

第 4 步　裁切瓷砖

现在，瓷砖的订购流程是这样的：先计算好尺寸，然后再送到瓷砖加工厂进行裁切，个别精细的小尺寸会在现场裁切。加工厂裁切的瓷砖笔直平滑，而现场裁切容易崩瓷，甚至出现裂纹。

又回到了客厅，一边铺砖，一边计算瓷砖的尺寸，有的尺寸需要现场裁切。

第5步 开始铺砖

瓷砖裁切完之后，就进入了铺砖环节。

❶ 把瓷砖翻过来，涂抹水泥砂浆。

❷ 水泥砂浆一定要涂满，并且涂抹均匀，这样才能保证瓷砖粘贴牢固、不空鼓。

❸ 把瓷砖敲紧实。

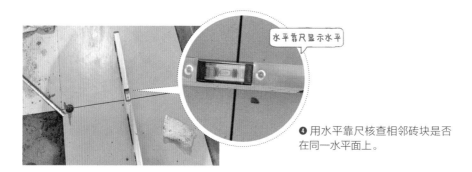

❹ 用水平靠尺核查相邻砖块是否在同一水平面上。

❺ 砖与砖之间用十字砖卡和水平砖卡固定，这样既可以保证砖缝大小均匀，还能确保砖在同一个水平面上。

切一块小砖补上小空缺，不能有遗漏

❻ 砖缝大小均匀、地面平整是检验工艺好坏的重要标准。

厨房完工，用 2 m 长靠尺检查任意位置，看其是否紧紧地贴合地面。

瓷砖侧面效果，靠尺和地面紧密贴合，没有缝隙。

后续的铺砖工作

铺完厨房的地砖，师傅还要继续铺设玄关、客厅和阳台的木纹砖，施工步骤与厨房的一样。

从厨房出来，先铺设玄关的木纹砖。

使用 2 m 长靠尺测量厨房和门厅的瓷砖是否在同一个水平面上。

施工步骤同厨房：用水泥砂浆找平—预铺设—裁切瓷砖—涂上水泥砂浆并粘牢—用砖卡固定。铺砖时应随时检查平整度，并压实瓷砖。

7月28日上午，瓦工师傅铺完了客厅、餐厅、阳台和卧室的地面，这些房间的瓷砖都在同一个平面上，只有卫生间的地面是例外。

2 卫生间地面留好排水坡度

卫生间的地砖铺贴与其他空间不太一样，因为需要做排水坡度。例如，我们要铺的这个卫生间，以地漏为中心，向四周展开，距离地漏每远 1 m，地面需抬高约 1 cm。比如某个地方距离地漏 2 m 远，那么它就要比地漏高出 2 cm。这个坡度看起来不太明显且不影响美观，也能保证排水顺畅。因此卫生间一般适合使用 30 cm×30 cm 以下的小砖，方便做坡度。

第 1 步 测量并标记瓷砖铺贴的高度

 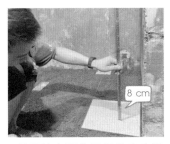 

❶ 地漏位于最低点，比水平仪标记的高度低 9 cm。

❷ 这里比水平仪标记的高度低 8 cm，比地漏处高 1 cm。

❸ 使用水平靠尺沿着地漏的方向找一个平滑的坡度。

排水坡度没留好会怎样？

会导致地面积水，长期积水的地面会出现异味。水还会顺着砖缝流到四周的墙体表面，出现"烂墙根"。

第2步 安装地漏

❶ 铺好瓷砖。

❷ 搅拌堵漏宝。

❸ 把堵漏宝涂刷在下水口周围。

❹ 在地漏周围涂满水泥砂浆，和堵漏宝衔接好。

❺ 将地漏扣在上面。

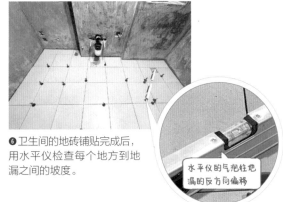

❻ 卫生间的地砖铺贴完成后，用水平仪检查每个地方到地漏之间的坡度。

水平仪的气泡往地漏的反方向偏移

　　至此，全屋地面瓷砖铺装完成，接下来开始铺厨房和卫生间的墙面瓷砖，比起地砖，墙面已经找平完了，施工进度会更快一些。

3 墙面瓷砖的铺贴流程

这家厨房墙砖用的是现在比较流行的 1.2 m×0.6 m 的白色大砖，师傅采用薄贴法铺贴——从侧面看黏合剂的厚度仅为 3 ~ 5 mm，这样更节省空间。薄贴法使用的不再是水泥砂浆，而是瓷砖黏合剂。

第 1 步 涂刷墙固和黏合剂

❶ 这是之前找平完的墙面，先涂刷墙固，把表面的灰尘、细砂凝固，这样能增加原始墙面和黏合剂之前的黏性。

❷ 贴砖前先在墙上涂黏合剂。

第 2 步 批刮黏合剂

❶ 把黏合剂批刮成条纹凹凸的肌理，粗糙的表面能增加瓷砖与墙面的黏性。

❷ 瓷砖背面用同样的方法批刮黏合剂。

第3步 粘贴墙砖

❶ 开始粘贴瓷砖。

❷ 用橡皮锤一边压实，一边调整水平高度。

❸ 面积较大的瓷砖，要用"瓷砖平铺机"代替橡皮锤，压实并调整水平高度。

❹ 在大块瓷砖铺贴的过程中，会用很多砖卡来固定，这是因为瓷砖本身并不平整。

　　我经手的项目，但凡遇到面积稍大的瓷砖，都会习惯性地检查瓷砖的平整度。大块瓷砖很难做到完全平整，存在微小的误差比较正常，但差得太多就是质量问题了，这时我会要求厂家更换新的。

　　稍微不平的瓷砖需要瓦工师傅手动来调整平整度，这十分考验师傅的技术。手艺好的瓦工通过娴熟的技艺，能把原本不平的瓷砖调平。

很明显的不平整

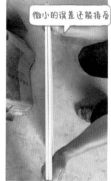
微小的误差还能接受

❺ 瓷砖与水平仪标记的高度平齐。

❻ 用 2 m 长靠尺检查瓷砖的平整度。

厨房墙面完成效果。

卫生间墙面完成效果。

卫生间壁龛细节。

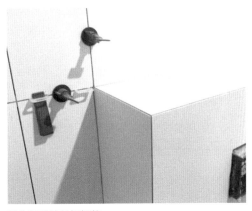

卫生间壁挂马桶细节。

铺砖的整个过程正好是北京的三伏天，我花了 11 天的时间在工地拍照记录。除了工长每天都会过来之外，大部分时间都是我和瓦工小王师傅两个人。切割瓷砖、搅拌水泥的时候，灰尘在阳光下弥散开来，不一会儿，小王师傅的小黑鞋和我的小白鞋都变成了小灰鞋。

小王师傅的工具很简单，锤子、橡皮锤、水平仪、水平尺、施工图纸、照明灯、瓷砖调平器、切割机等，除了这些，还有一台工长带来的黑色电风扇，它们伴随我俩度过了整个夏天。

铺砖工作基本完成，一周后我会跟随工长一起来收拾房间。8 月底，我还会一起参与瓷砖的验收工作。

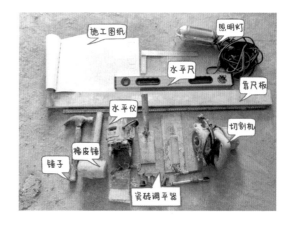

4   铺砖结束，收尾工作也很重要

一周之后，瓷砖黏合剂和水泥砂浆都干透了。工长过来取出砖卡，清扫完地面和墙面的灰尘，并在厨房和卫生间的墙面上贴上了"此处有水电管"的标识帖。

收拾完了的厨房。

收拾完了的卫生间。

客厅铺完木纹砖的地面。

铺完卧室地面后，师傅贴上了保护膜。

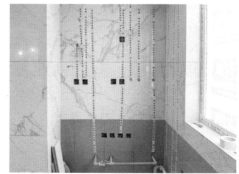

粘贴水电标识这一步很重要。这是因为瓷砖背后有很多水电管，后期安装时稍不留意就会打到它们。比如右图厨房的墙面，如果随意打孔，打穿水电管的概率是很高的。

厨房中的水电标识。

5 瓷砖验收时应注意哪些关键点？

8月23日早上，设计师、业主、徐工长和监理小刘一起来到了小区，开始中期验收。监理小刘会从五个方面来检验小王师傅的手艺。

关键点 1 **检查瓷砖是否完整**

检查瓷砖表面，看有没有崩瓷、开裂和划痕。如果这一步检查得不仔细，后期发现瓷砖有伤痕，那就无法确认是谁的责任了。

关键点 2 **检查瓷砖是否有空鼓**

此时水泥砂浆和黏合剂中的水分已经挥发得差不多了，可以通过敲击声来判断瓷砖贴得是否紧实。如果有空鼓的砖，敲击声音会不一样。

《建筑装饰装修工程质量验收标准》（GB 50210—2018）中指出，全屋瓷砖的空鼓率要小于5%，单片瓷砖的空鼓面积小于15%。如果遇到大面积的空鼓，则建议拆除全部的瓷砖，重新铺贴。有的设计公司要求得更严格，如果检查出个别空鼓瓷砖，会统一修缮——给瓷砖灌注稀释的水泥砂浆。如果空鼓面积较大，则直接更换新的，确保每一块瓷砖都紧实地贴合着墙地面。

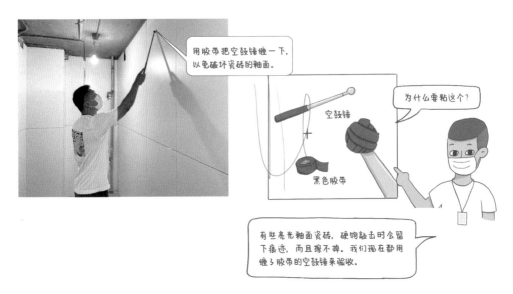

监理小刘拿着空鼓锤敲击每一块瓷砖。

终于发现了两块空鼓瓷砖，赶紧拿小标签贴上，方便工人后期完善。

关键点3 **检查瓷砖表面的平整度**

使用2 m长靠尺检查铺好瓷砖的墙面是否平整。《建筑装饰装修工程质量验收标准》（GB 50210—2018）中要求，瓷砖表面的平整度偏差要小于3 mm。

竖着、横着、斜着，全方位检查平整度，看靠尺和瓷砖之间是否有缝隙。小王师傅铺贴瓷砖的平整度偏差基本小于2 mm。

全方位检查地面的平整度。

找平完的墙面也需要用2 m长靠尺检查一下。

关键点 4   转角垂直

通常阴阳角会有 3 ~ 5 mm 的偏差，房间本身不方正的情况除外。验收时，我们会重点检查阴角，因为这关系到后期的家具摆放、橱柜安装等。如果墙角不垂直，可能会影响贴合效果。

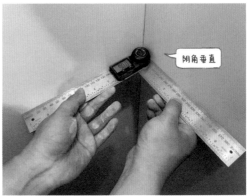

关键点 5   进行排水坡度测试

因为卫生间地面有坡度，所以需要检测地面坡度排水是否顺畅。排水坡度测试又称"泼水试验"。接一大盆水快速倒在地上，水会在短时间内排干净，且地面不会存留大面积的积水。

卫生间地面的排水坡度测试。   测试所有下水口是否通畅。

这家房子的建筑面积为 105 m^2，监理用了 2 个小时完成验收工作。最后总结一下瓷砖验收的 5 个注意点：瓷砖完好、粘贴牢固、平整顺直、转角垂直和排水顺畅。

6　铺砖时，容易忽略的几个小细节

瓷砖对缝是个烧脑的活儿

　　右图是两个壁龛贴完瓷砖的效果，其中一个砖缝尴尬地出现在了壁龛中间。专业的瓦工在铺砖之前，会设计好壁龛洞口的大小，尽量与瓷砖尺寸保持一致，这样看起会更加美观，整体性好。

下面是两个卫生间地面瓷砖铺贴完工后的对比图，左边是没有对缝的，右侧是对缝的。

600 mm × 1200 mm

没有对砖缝

300 mm × 300 mm

600 mm × 300 mm

淋浴间和地漏的位置

300 mm × 300 mm

原本尺寸刚好能对上的瓷砖，出现了偏差。

淋浴间和地漏位置的瓷砖看起来都是整齐完整的。

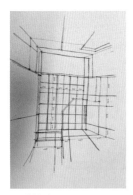

我是处女座，还有强迫症，砖缝对不齐的话，看着多难受啊！

是的，而且连续的砖缝能将墙面和地面在视觉上连成一个整体。

墙砖缝和地砖缝也要提前计划好，尽量对齐。再来看一个我自己设计的案例，这个卫生间的结构比较复杂，瓷砖对缝要考虑全局。我先在图纸上画了出来，还是不放心，于是又到现场标记了一下，后期方便瓦工师傅照着铺贴。

手绘铺砖图。

现场画出每一块砖的位置。

完成效果。

拼花砖得从全局考虑

卫生间完成图。

细节 1 **整面墙看过去全都是瓷砖**

进门左手边这面墙有 3 处凹凸的地方——壁龛、检查口和壁挂马桶，横方向全部用瓷砖，看起来非常规整。事实上，大部分瓦工在铺贴瓷砖时，都会因为对齐了某一处，而放弃了别的地方。这个瓦工师傅顾全大局，在找平的时候就计算好怎么铺，而不是铺一块算一块。

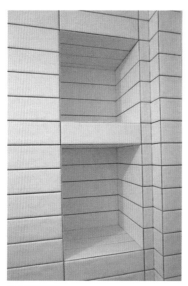

❶ 壁龛对齐。

❷ 检修口对齐。

❸ 壁挂马桶对齐。

❹ 这面墙的整体效果，同时满足 3 处对齐。

细节 2 **转角处计算精确**

这个转角之所以过渡得这么自然，是因为瓦工师傅经过了精确的计算。比如瓷砖刚好被裁切成 45°（不能有偏差）。转角处留砖的大小看起像是一整块砖转过来的，这同样需要提前做好全局规划。

需要严格计算，才能保证转角处过渡自然。　　最下排的收尾也很漂亮，让墙面在视觉上有延伸感。

图案拼接整齐，砖缝大小均匀。　　全景图。

细节 3 细节见高下

如下图的这种小边角很多瓦工师傅都会省去，直接用门框包起来，但细心的师傅还是会给铺上瓷砖。

这一排手工裁切的砖，大小均匀，铺贴整齐。

细节 4 采用薄贴法

采用薄贴法铺贴瓷砖时，黏合剂的厚度只有 3 ~ 5 mm。

黏合剂的厚度只有 3 ~ 5 mm。

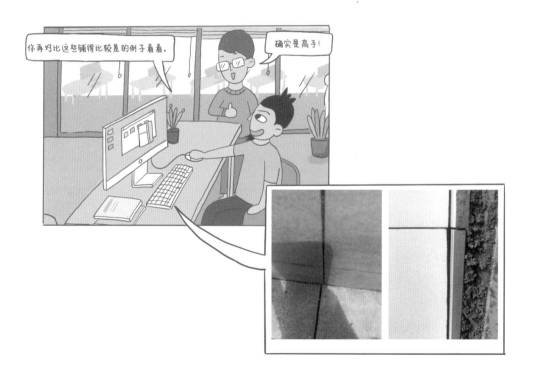

更高阶的铺装手艺

再来看看这位传说中的瓦工丁师傅，他从业近 40 年，手艺精湛。听说丁师傅铺的砖，空鼓率基本为零。有一次我去拜访丁师傅，他正在把大理石瓷砖摆在地上挑花纹。

丁师傅熟悉各种砖的属性，知道什么砖搭配什么黏合剂，还知道把漂亮的花纹用在最显眼的位置，并且要求拼接纹路自然、美观。这都是我们想不到的细节，但是好的瓦工都能替我们想到，并帮助我们实现。

瓦工的技术含量非常高，在北京手艺好的瓦工师傅一天的收入能达到 800 ~ 1000 元，而且还非常抢手。不过我认为这跟买东西的道理一样，也是贵有贵的道理。

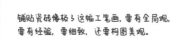

铺贴瓷砖像极了这幅工笔画，要有全局观，要有经验，要细致，还要构图美观。

　　写到这里的时候，北京已进入 10 月，鼻子最先察觉出干燥的气候，后来我才发现自己患上了干燥性鼻炎，计划购买一款好用的加湿器，于是花了一周的时间在网上查看各种测评，最终选了一款适合自己的型号。

　　监督瓦工铺贴瓷砖和选加湿器一样，需要提前做好攻略，做攻略的过程中，我们会了解这项工艺或产品。但是两者还是不太一样，买加湿器不做攻略也问题不大，只要买靠谱的品牌，就不用担心质量问题。而铺贴瓷砖是个手艺活，没有固定的标准，外行人也很难直观地判断出好坏，而且后期一旦铺坏，连退换货的机会都没有，因此提前做攻略必不可少。

瓷砖开裂，你可能也会遇到

瓷砖开裂是业主入住后经常会遇到的情况，是铺贴工艺不到位，还是瓷砖质量不过关？看完这些案例你就会有头绪。

1 3个典型案例分析

案例 1 **瓷砖切割不当导致的"暗裂"**

有一次我女儿去邻居家找小哥哥玩，我陪她在邻居家待着，出于职业习惯，一眼就发现邻居家墙角的一块瓷砖有裂纹，于是便拿手机拍照记录了下来。

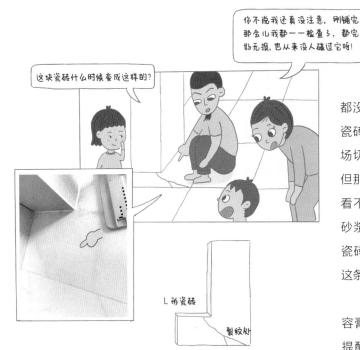

随后我检查了其他瓷砖，都没有问题。这是一块 L 形瓷砖，我推测是瓦工师傅现场切割导致瓷砖出现裂痕，但那时候裂痕小到肉眼几乎看不出来。铺完之后，水泥砂浆失去水分而收缩，导致瓷砖挤压变形，就有了现在这条很明显的裂纹。

我建议她购买瓷砖"美容膏"，自己修补一下，并提醒她："下次装修时，尽量把瓷砖送到厂家去裁切，如果只能现场切割，一定要仔细检查。"

案例2 瓷砖背面没有清理干净导致的瓷砖脱落

这是 2018 年的事情了，我认识的一位网友发信息向我咨询瓷砖脱落的问题。

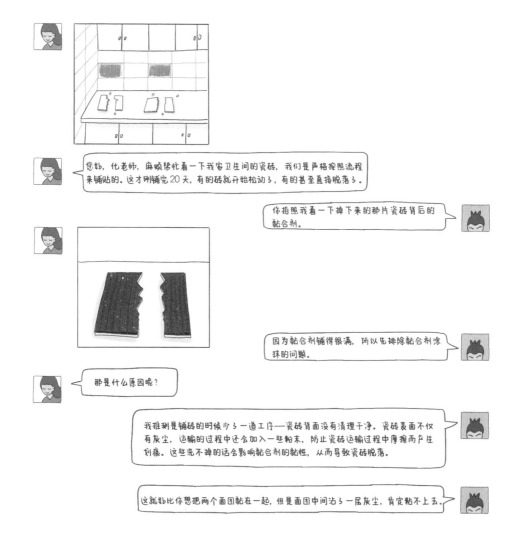

她决定把墙面瓷砖全部敲了重铺，并且买了同一批瓷砖，开箱后发现每片瓷砖之间果然有很多光滑的粉末，再用同样的流程铺贴，只是多了一步——铺之前擦洗了一下。后来她家的瓷砖再也没出现问题。

案例 3 **不同瓷砖要用不同的黏合剂**

有一次我正在思考户型改造方案，忽然接到大学室友打来的电话，他电话里急着向我求救。

我又问了详细情况，并把这些照片给另一位专业的设计师看了一下，她推测是用错了黏合剂。听完她的解释，我就给室友回了电话解释了一下原因。

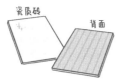
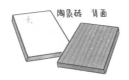

瓷质砖不吸水。

陶质砖非常吸水。

过去家里用的砖都是陶质的，通常用传统的水泥砂浆来铺贴。现在人们更喜欢用性能更加稳定的瓷质砖，直接用黏合剂来铺贴，并采用薄贴法铺贴，更省空间。

你家选了传统的陶质砖，但用了粘结力度比较大的瓷砖黏合剂来铺贴，肯定会出现问题。黏合剂伸缩性小，陶质砖伸缩性大，它会随着温度的变化热胀冷缩。这不，现在正也是3月，暖气刚停，瓷砖热胀冷缩，铺在坚硬的黏合剂上面就扛不住了。

固体胶是用来粘纸的

奥特曼的腿只能用万能胶

明白了，这么说瓷砖商家和瓦工师傅都有责任。商家没有交代好，瓦工师傅又不专业。

　　室友只好敲了所有的瓷砖重新铺贴，他这次依然选了陶质砖，但用的是传统工艺——水泥砂浆铺贴，之后再也没有出现任何问题。铺之前我还特别提醒他，陶质砖在施工时还应注意先泡水，再铺贴。因为水泥砂浆是湿润的，要让两者保持水分平衡，但瓷质砖就不需要，擦干净就行。

铺贴之前一定要泡水。

陶质砖胚体本身非常吸水。

吸水后再抹上厚厚的水泥砂浆，不能用薄贴法。

有时候我们可能觉得瓷砖开裂的概率不大，但一旦遇上了，后果会很严重。一两片还可以给瓷砖"做美容"，如果面积太大，像我室友家那样，就得把厨房墙面瓷砖全部敲了重新找平，再做防水、铺砖和美缝，那会非常麻烦。

2 如何避免瓷砖开裂？

总结一下，如何避免瓷砖开裂。

第一，瓷砖尽量送到厂家裁切。

第二，注意铺贴瓷砖的材料。地砖：通常用水泥砂浆铺贴。墙砖：陶质砖用水泥砂浆铺贴，或者选择黏结度比较低的黏合剂铺贴；瓷质砖推荐用黏合剂铺贴。

第三，铺贴前的注意事项：陶质砖铺贴前一定要泡水，瓷质砖铺贴前记得把背面擦干净。

装修无小事，尽可能把细节做好，才能确保没有后顾之忧。

防水工程，不能出任何差错

"整个卫生间全部重装。"维修工人上门排查了好几天，排除了马桶下水管道错位导致的漏水，得出的结论是防水层开裂。

我父母买的精装房，刚搬进来两个星期，就发现楼下一层屋顶漏水。后来和维修工人协商，先在地面涂一层结晶，保证能用，过一段时间再彻底拆除卫生间。防水一定不能出差错，因为维修的成本太高，还会给生活带来极大的不便，如果遇上不靠谱的施工方，后期不负责保修的话，后果会很严重。

1　防水层的涂刷流程

卫生间和厨房等经常用水的地方需要涂刷防水层，涂完之后像套了一个大号的塑料袋，能把水兜住。防水层涂刷的时间节点应在瓷砖铺贴前、水泥砂浆找平之后，而在实际的使用过程中，水是接触不到防水层的，通常会直接从地砖表面流向地漏。

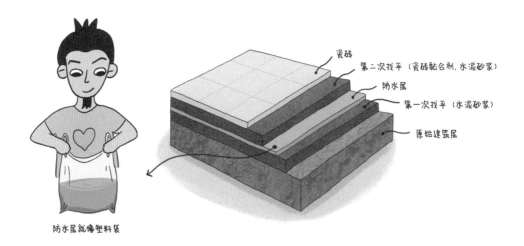

瓷砖

第二次找平（瓷砖黏合剂、水泥砂浆）

防水层

第一次找平（水泥砂浆）

原始建筑层

防水层就像塑料袋

第1步 **墙地面找平**

先用水泥砂浆把需要涂防水的区域修补平整，然后用2m长靠尺找平。

初步找平。

第2步 **打扫**

在涂刷防水之前，把需要做防水的区域打扫干净，并保持干燥。

把地面打扫干净。

第3步 **涂刷堵漏宝**

把堵漏宝涂刷在墙边角和下水管道周边。这是为了双重保险，因为这些地方容易开裂，开裂的同时也会把防水层撑裂。这样做就好像贴了一层防水创可贴（这一步不同的设计公司要求不同）。

把堵漏宝涂刷在墙角边和下水道周边。

第4步 **涂刷防水**

这是最关键的一步，涂刷防水层一定要像涂抹粉底液一样均匀，不能有遗漏。

选用伸缩性比较也的柔性防水材料。

使用柔性防水材料。

一定要等第一遍防水涂料干透以后，再涂刷第二遍。

第5步 进行闭水试验

闭水试验是为了检查"防水塑料袋"漏不漏水。

防水层风干。涂刷完防水之后，要等它自然风干，在北京通常 12 个小时之后就会干燥了，因为气候比较干燥，其他地区需要根据气候条件来决定。

封堵下水口。做闭水试验前，要把地面的各个下水口都堵上。

接水。接水的时候会放一个小盆或水桶，水不能直接冲向地面，因为防水层像塑料袋一样脆弱，容易损坏。水位达到 3 cm 左右的时候就可以停止接水了。

48 小时闭水试验。在闭水试验的过程中，水位明显下降，说明防水层有漏水，应及时终止，这时需要重新涂刷防水。如果 48 小时内水位没有明显变化，则说明防水层没有问题，就可以把水排干净，开始铺砖。

用装了砂子的塑料袋来堵下水口。

3 cm

48 小时闭水实验。

防水工程的后期保障

防水层像塑料袋一样又薄又脆，一定要保护好。除了不能直接对着地面接水之外，也不能磕碰。可以在做好的防水层上面涂刷一层薄薄的水泥砂浆，不刷也可以，但铺装的时候一定要小心谨慎。

签防水工程保修合同。通常，防水工程的质量保质期为 5 年。在签订装修合同的时候要留意是否有此类项目说明。如果没有，可以要求装修公司加上这一条，不然防水出了问题将来可是大麻烦。

防水层也像塑料袋，轻轻一磕就破。

我家防水过了保质期？

涂刷防水的 3 点注意事项

◎重点涂刷边角处

边角处好比塑料袋的拼接缝，最容易开裂，要多刷几遍才更结实。

相当于塑料袋的边角

◎防水向外延伸出来

虽然卫生间门口有挡水条，但我们仍应将防水层向外延伸涂刷一部分，这样可以有效防止门口向外返潮。

◎防水涂刷的高度

卫生间的防水高度通常不低于 1.8 m，因为卫生间的水汽、淋浴花洒的水都会浸湿墙面。

厨房的防水高度一般不低于 0.3 m，如果阳台有洗衣机或洗手台，同样建议墙面涂刷防水，高度不低于 0.3 m，最好涂至 1.2 m。

2　关于漏水的小故事

故事 1　容易漏水的客厅

　　陈师傅在小 A 家客厅铲墙皮的时候，需要先用水把墙面浸湿。陈师傅是个老手了，用水向来很小心，但刚开始干活，楼下邻居就找上门来了，说自家屋顶有渗水现象。

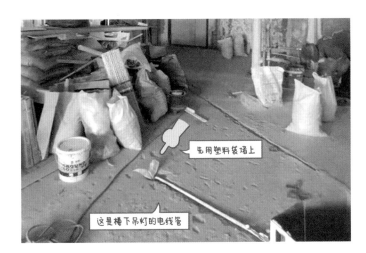

　　陈师傅研究了一番，发现原来这是当年的精装房，楼板上有个洞。楼下吊灯的电线直接从楼上的地面走，线管直接从楼板穿了过去，楼板就形成了一个洞。以后稍有不慎，就会往楼下渗水。

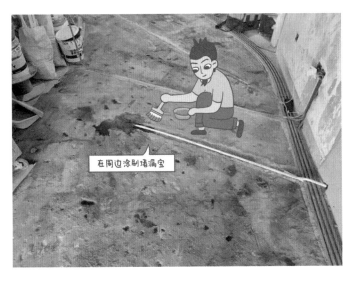

　　有些老房子的楼板非常薄，有的楼板甚至有拼接缝，这种房屋结构比较容易漏水。遇到这种情况，建议全屋涂刷防水，不然每天使用起来都提心吊胆的。

故事2 如果卫生间使用地暖，建议做两层防水

小B家装修完，刚过了一个冬天，忽然楼下邻居反映严重漏水，把他们家的地板都给泡变形了。各个下水口都没有问题，小B判断是最严重的情况——防水层开裂。工人是按照标准的施工流程来做防水，闭水试验也没问题，但是地暖的回填层变形，连带着把上面的防水层给撑裂了。地暖管道所在的回填层用的材料是豆石，比较松软，容易下沉或开裂，一旦变形就会把防水层撑破，导致防水层开裂。

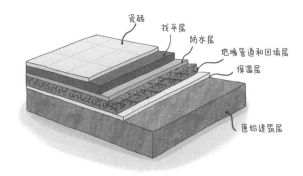

小B家的地面铺装结构

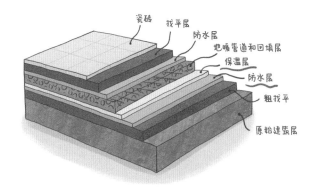

在地暖回填层上下各做一层防水

小B家的防水层开裂没有更好的解决办法，只能更换新的。小B得把卫生间全部拆除，重新刷防水、装修，不仅如此，还得赔楼下邻居地板泡坏的损失费。

因此建议在卫生间和厨房回填层下面再做一层防水，这能起到双重保护作用，相当于我们买菜的时候要了2个袋子。一旦上面的防水层漏了，下面还有一层能兜住水，避免造成重大损失。

故事 3 地漏周边最容易漏水

小 C 刚搬进新家不久，楼下邻居反映自家卫生间渗水，然后维修工人逐步排查问题。首先对室内上水管做了打压试验，排除上水管问题。其次给暖气管做了打压试验，排除了暖气管的问题。最后，维修工人打开了楼下卫生间的吊顶开始找渗水的位置，初步判断是洗手池和地漏下水口的问题。工人告诉小 C 这两个地方一周内不要用水，一周后，工人先检查了洗手池下水，瓷砖周围都是干的。再检查地漏，拆下地漏之后的水泥砂浆层是湿的，可以判断地漏周边漏水。

地漏和周围的瓷砖、水泥砂浆是用堵漏宝来衔接的，防水层类似塑料袋，堵漏宝就好比一款防水胶水，但它有时候不太靠得住。不过最主要的原因还是小 C 家增加了一个下水口，大大增加了漏水的概率。

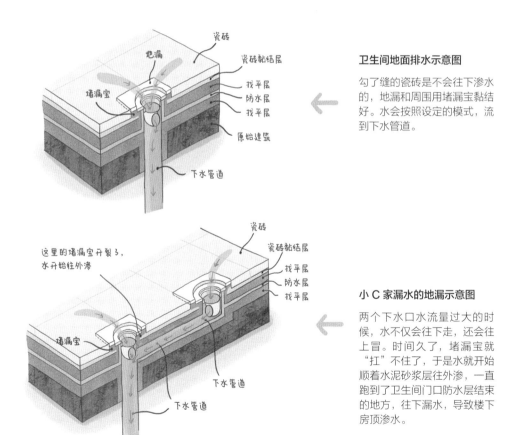

卫生间地面排水示意图

勾了缝的瓷砖是不会往下渗水的，地漏和周围用堵漏宝黏结好。水会按照设定的模式，流到下水管道。

小 C 家漏水的地漏示意图

两个下水口水流量过大的时候，水不仅会往下走，还会往上冒。时间久了，堵漏宝就"扛"不住了，于是水就开始顺着水泥砂浆层往外渗，一直跑到了卫生间门口防水层结束的地方，往下漏水，导致楼下房顶渗水。

找到问题之后开始维修，维修工人将地漏拆下来，把周边清理干净，重新涂刷堵漏宝，然后再安装地漏。因为防水层没有被破坏，所以维修工作还算比较简单。

3　5种常见地漏芯，没有最好，只有最合适

图解5种常见的地漏芯

地漏由盖板和地漏芯组成，密封效果的好坏还是看地漏芯。了解地漏芯的工作原理，就知道为什么堵塞、反味儿了。下面我从地漏芯的工作原理、密封性等方面对比了市面上常见的5种地漏芯，方便大家选择。

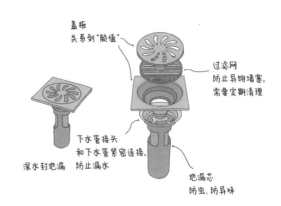

盖板
关系到"颜值"

过滤网
防止异物堵塞，需要定期清理

深水封地漏

下水管接头
和下水管紧密连接，防止漏水

地漏芯
防虫、防异味

5种常见地漏芯对比

类型	工作原理	缺点	安装高度	使用场景
深水封地漏	排水时会从四周溢出；5cm；不排水时，储水密封防臭	虫子；异味；安装高度有要求；长时间用，水会蒸发，影响密封效果	12cm	淋浴区。淋浴区的下水口安装深度足够的话，首推深水封地漏，经久耐用，密封效果最好
硅胶地漏	水的重力会把硅胶撑开；无水时自动恢复	硅胶芯不耐用，时间久容易被腐蚀，遇高温容易变形；变形	6.5～11cm，长短可以自己剪	所有场景。正常可以使用五六年，质量好的硅胶地漏和倒排地漏寿命差别不大，相比之下密封效果更好
侧排地漏	水流入时，水的重力冲升密封盖；排完水之后，盖板靠磁力自动关闭	堵异物后，无法紧密闭合	8.5cm	所有场景。与硅胶地漏实力相当
重力翻盖地漏	水流入时，水的重力冲升密封盖；排完水之后，通过重力闭合；重力平衡块	阀芯会老化；堵异物后，无法紧密闭合	6cm	改下水后，空间不足的下水口
弹簧地漏	水的重力压迫弹簧打升；排完水之后，弹簧自动恢复；弹簧有寿命，弹力会随时间减弱	堵异物后，无法紧密闭合	6cm	改下水后，空间不足的下水口

推荐前三款地漏，但我们日常使用最多的是第四款——重力翻盖地漏。因为我们在做老房改造时，改下水位置的情况司空见惯。此外，硅胶地漏剪得太短，会影响封闭效果。因此地漏没有优劣，只有最合适。

地漏出现问题的案例和原因

关于排水慢的问题

有一次在工地闲聊，工长给我讲了一个地漏下水慢的故事。

排查卫生间的异味来源

卫生间反味儿是大家平常最关注的话题之一，我总结了一个排查异味的方法，大家可以对照来解决。

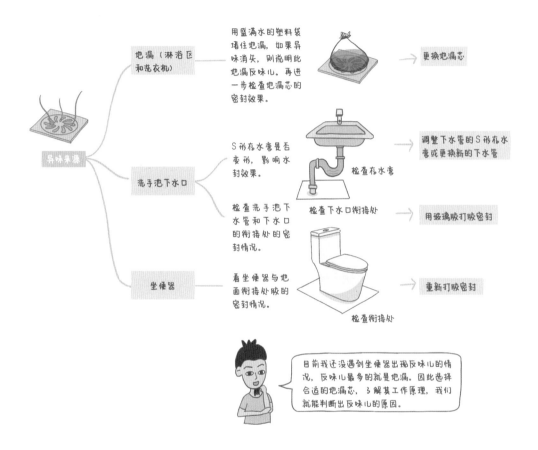

总结一下：淋浴区用深水封地漏；侧排地漏和硅胶地漏适合各种场景；改下水后，空间如果不够用，推荐重力翻盖地漏。

写完这节文章时，我家也换好了地漏芯。因为没改下水，空间充足，我在淋浴区使用了深水封地漏，而在其他区域用了硅胶地漏，便宜又实用。换完地漏，感觉整个房子都仿佛变清爽了。

美缝施工，你该知道的事

1　自己做美缝，可行吗？

喂，小钟，什么事儿？

化老师，我刚收到一份美缝报价，美个缝居然要花 9000 多元，仅客厅、餐厅的地面就要 6100 元。我舍不得花这个钱，找了美缝视频教程来学，感觉也挺简单的，想自己试试，据说至少能省一半的费用，您觉得怎么样？

正好过几天我们公司有一家工地要做美缝，我带你去看一下施工，你正好可以学习一下。

这家工地位于海淀区光大家园小区，一大早，我和小钟就出发了。两个"90后"美缝小师傅很早就到了工地，已经忙活了两个小时，他们从过来到现在一直在清理砖缝。

无论做哪种美缝，清理砖缝的工作是必不可少的，而且也是最辛苦的一步，我们先从清理砖缝开始学习吧！

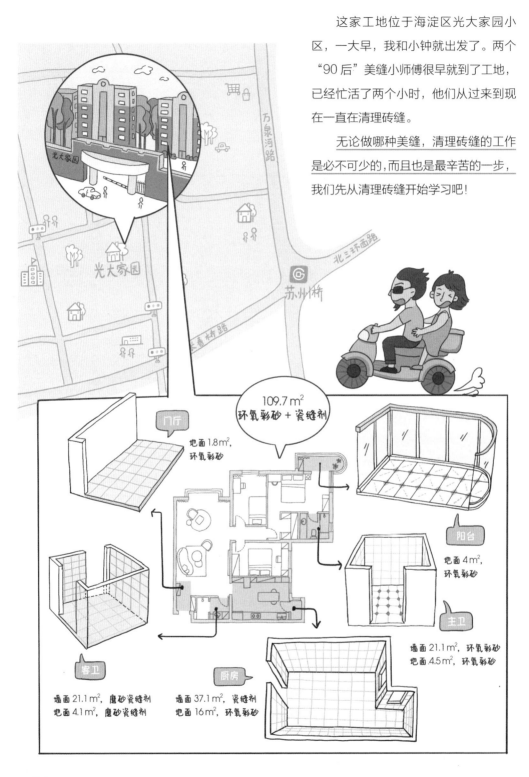

109.7 m²
环氧彩砂 + 瓷缝剂

门厅
地面 1.8 m²，环氧彩砂

阳台
地面 4 m²，环氧彩砂

主卫
墙面 21.1 m²，环氧彩砂
地面 4.5 m²，环氧彩砂

客卫
墙面 21.1 m²，磨砂瓷缝剂
地面 4.1 m²，磨砂瓷缝剂

厨房
墙面 37.1 m²，瓷缝剂
地面 16 m²，环氧彩砂

清理砖缝的流程

不仅要清理出砖缝里的灰尘、残留的瓷砖黏合剂和水泥砂浆，还要把铺砖时留在里面的十字砖卡清理出来。之后打扫干净，最后拿湿抹布收尾。

现场操作看起来很简单，自己上手一试才知道有多难。坚硬的黏合剂和残留的水泥砂浆清理起来很费劲，得有足够的臂力和手劲，还不能使用蛮劲，否则容易破坏瓷砖。这个过程很辛苦，小师傅得长时间趴在地上。

清理砖缝用到的工具有：螺丝刀、美工刀、钳子、刀片、抹布和吸尘器等。

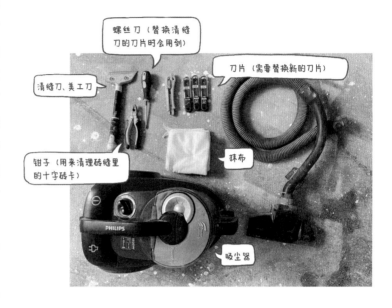

螺丝刀（替换清缝刀的刀片时会用到）

刀片（需要替换新的刀片）

清缝刀、美工刀

钳子（用来清理砖缝里的十字砖卡）

抹布

吸尘器

为什么你们要用手动清缝刀，电动清缝器岂不是更轻松？

电动清缝器不好操作，万一失手会破坏瓷砖，就得不偿失了。

就像我不喜欢在平板电脑上写字、画画，觉得笔和纸更好控制一样。

❶ 用清缝刀把砖缝中的水泥刮碎，这是最辛苦的一步。

❷ 用钳子拔出十字砖卡。

❸ 刮碎砖缝里面的水泥。

❹ 初步清扫。

❺ 用吸尘器吸出里面的灰尘。

❻ 用湿抹布擦干净。

两个小师傅清理完所有的瓷砖缝用了近 4 个小时。接下来开始做厨房墙面和客卫墙面的瓷缝。

接下来是什么工序？

先做瓷缝，因为瓷缝比环氧彩砂干得慢，应按照先墙后地的施工顺序来，避免踩脏地面。

瓷缝剂的施工流程

完成清理工作之后，开始瓷缝剂施工，工序分为四步：涂抹美缝蜡、勾缝、压平瓷缝剂和清理溢出的瓷缝剂。

涂抹美缝蜡　　勾缝　　压平瓷缝剂　清理溢出的瓷缝剂

第 1 步　涂抹美缝蜡

在瓷砖缝隙两侧涂抹美缝蜡，不能抹到缝里，这样便于清理两侧残留的瓷缝剂。如果地面铺了仿古砖和木纹砖，更需要抹美缝蜡，因为仿古砖和木纹砖的表面凹凸不平，凹陷的地方更容易残留瓷缝剂。

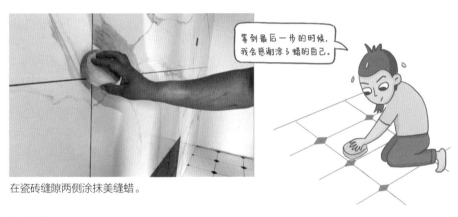

在瓷砖缝隙两侧涂抹美缝蜡。

第 2 步　勾缝

用胶枪把瓷缝剂均匀地填进去，技术不熟练的话，可以先找橱柜后面的瓷砖练手。看小师傅胶打得又快又直，我试了一下，举着几斤重的胶枪趔着身子画直线，实在太难了。

用胶枪把瓷缝剂均匀地填进去。

第3步 压平瓷缝剂

　　每填完一块区域，在瓷缝剂未干之前要用压缝板把它压实，让它完全渗入缝隙中，避免干了以后有凹陷。瓷砖阴阳角需要用阴阳角刮板压实。

用压缝板把瓷缝剂压实。

第4步 清理溢出的瓷缝剂

　　做完瓷缝后 3 个小时，就可以清理溢出的瓷缝剂了。干了的瓷缝剂像胶条一样，可以直接用手撕。

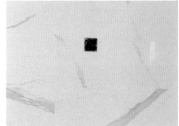

清理溢出的瓷缝剂。　　　　　　　　　　美缝效果对比。

小师傅做瓷缝的效果，缝和砖浑然一体。

瓷缝剂施工使用到的工具有：瓷缝剂、胶枪、压缝板、阴阳角刮板、隐蔽砖瓷缝剂和美缝蜡等。

环氧彩砂的施工流程

环氧彩砂的施工流程也分四步：配料、用刮板填缝、阴阳角精修和清洁。

配料　　用刮板填缝　　阴阳角精修　清活

第1步　配料

环氧彩砂由 AB
份两组材料组成，A
组是环氧彩砂树脂，
B 组是固化剂，按照
9：1 的比例搭配，
并将它们搅拌均匀。

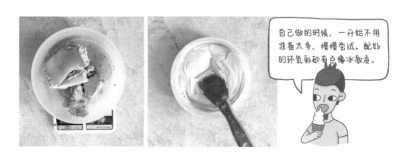

自己做的时候，一开始不用
准备太多，慢慢尝试。配好
的环氧彩砂有点像冰激凌。

第2步 用刮板填缝

用刮板把料涂抹进砖缝中。小师傅双手配合得挺麻利，半小时就涂完了整个阳台。小钟上手试了一下，挺费劲的，她说如果自己来做至少得2个小时。

用刮板把料涂抹进砖缝中。

戴着橡胶手套清洁。

第3步 阴阳角精修

阳台的阴角处用刮板修平整。

第4步 清洁

夏天，环氧彩砂干得很快，全部涂抹完成，十几分钟后就可以擦拭第一遍。把海绵蘸水后拧干，用打圈圈的手法涂抹砖缝旁的余料，然后再清洁3遍（每一遍都要换水），最后一遍可以拿干净的湿毛巾清理，清洁到瓷砖不打滑即可。清洁时记得戴橡胶手套，因为环氧彩砂有腐蚀性。

清理缝隙中　　　　擦洗后　　　　填涂环氧彩砂　　　　清洁多遍后

全景图。

清理缝隙中　　　　擦洗后　　　　填涂环氧彩砂　　　　清洁多遍后

细节图。

　　环氧彩砂施工使用到的工具有：环氧彩砂、刮板、清缝刀、百洁布、厨房秤、铲子、海绵和手套（劳保手套和橡胶手套）等。

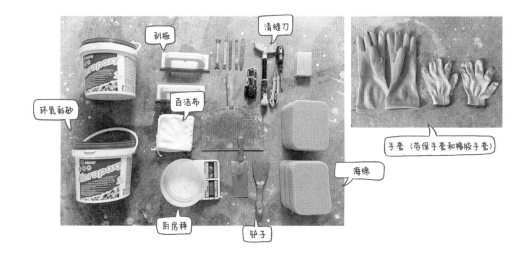

刮板

清缝刀

环氧彩砂

百洁布

手套（劳保手套和橡胶手套）

海绵

厨房秤

铲子

美缝施工的注意事项

做美缝和蒸馒头很像，面团发酵需要一定的湿度、温度，要干净卫生，抹面需要手法，馒头要饱满……

我情不自禁地想起了妈妈蒸馒头的场景。

先别掀锅盖。

温度

小时候妈妈蒸好馒头会等一会儿再掀锅盖，否则馒头会收缩变硬。做美缝和蒸馒头一样，也需要一定的温度。填缝剂会热胀冷缩，气温低于 15℃，瓷缝剂和环氧彩砂遇上冰冷的瓷砖就会收缩，一收缩就填不满缝，将来容易脱落。

湿度

揉面时，面团一定要放在干燥的砧板上，如果砧板上有水，面团容易粘在上面。美缝时周围也不能太潮湿。瓷砖刚贴完不能直接做美缝，晾干后才可以。这期间也不要刷墙，否则容易把地面弄湿。

干燥的砧板

面团里揉进菜叶子

一定要干净

做美缝和揉面一样，脏东西一旦进去就不好清理了，因此要先清理干净砖缝，彻底除去灰尘，都收拾干净之后再做美缝。

饱满的纸杯蛋糕

填缝剂宁多勿少

把填缝剂均匀填入缝隙深处。用量宁多勿少，多了可以推平，少了就会凹陷。

蒸完馒头要及时清洗砧板和蒸锅，不然面干在上面就不好洗了

彻底清洁环氧彩砂

一个自己动手做环氧彩砂的业主曾跟我说："我家客餐厅的面积太大了，前期清理花了好长时间，我的腿都蹲软了。结束后匆匆擦了两遍，我就去吃饭了，结果砖上留了成块的胶印。" 我告诉她那是残留的固化剂，干了之后要用特殊的药水才能除掉。

除了以上五点注意事项，还要再补充一点——需要有强健的身体。

我计划先练两个月核心和手臂力量。

自己做美缝到底能省多少钱？

小钟基本搞懂了美缝施工的全流程，她觉得自己的体力不行，平时站一天都觉得腰疼，但她还是想了解自家的情况大概能省多少钱，于是我给她算了一笔"细账"。

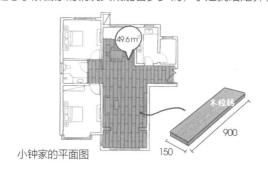

小钟家的平面图

小钟家客厅、餐厅的面积总计 49.6 m²，商家给到的某品牌环氧彩砂的报价是 6100 元，我们来算一下同品牌环氧彩砂自己施工花多少钱。

环氧彩砂施工价格清单

清洁工具		施工工具	
劳保手套 棉胶手套	2 元	厨房电子秤	10.8 元
大块清洁海绵	10.8 元	阴阳角刮板	19.9 元
抹布（自备）	0 元	施工刮板	38 元
手动清缝刀	5.9 元		
刀片（1盒）	5.4 元		
电动清缝器	136 元	环氧彩砂	2112 元
吸尘器（自备）	0 元	总计	2341 元

> 比之商家报价的 6100 元，两人施工只要 2341 元，省了将近 3800 元。于是小钟又决定自己做美缝了。

环氧彩砂用量的计算方法有两种。一是下面这个公式：

$$每平方米瓷砖环氧彩砂用量（kg）= \frac{砖长 + 砖宽}{砖长 \times 砖宽} \times 砖厚 \times 缝宽 \times 1.6$$

二是直接让环氧彩砂卖家估算。这里用公式计算。

木纹砖的长、宽、厚分别是 900 mm、150 mm 和 10 mm，砖缝的宽度为 3 mm，计算得出 1 m² 需要 0.37 kg 的环氧彩砂，那么 49.6 m² 需要 18.35 kg 的环氧彩砂，需要买 4 桶（每桶 5 kg，单价 528 元），共 20 kg，最后得出环氧彩砂的价格是 2112 元。

买电动和手动两种清缝器。手动清缝器是主要工具，因为电动清缝器不好控制，使用不好容易破坏瓷砖。电动清缝器可以辅助手动清缝器，清除坚硬的水泥和黏合剂。

施工套装：网上有环氧彩砂清洁和施工套装，更便宜，我和小钟决定尝试用不同样式的刮板。

工作量：夫妻两人两天高强度工作。

我和小钟研究了近半个月的时间，最后她还是决定自己来做美缝。

不然这半个月的研究工作就白费了。做美缝和蒸馒头还不一样，馒头做坏了，可就真浪费了，这个可以反复实验，我可以慢慢来，最重要的是能省钱。

清理砖缝时容易崩瓷，一定要小心，别毁了你的高价木纹砖。第一次用胶枪手速不匀，干了之后有气泡，你一定要慢点。一定要先拿橱柜后面的隐蔽砖做练习……

化身唐僧的化老师

回想起和美缝小师傅的聊天，我问其中一位小师傅："有没有美缝做失败又来找你们的？"他说："有啊，还得铲掉原先做坏的，特别费劲！"

2　如何选择美缝材料?

勾缝剂更新迭代的速度跟手机一样快,买手机之前我们一定会认真研究到底哪款更适合自己,瓷砖勾缝剂也同样需要了解,用不好就会像雪白的牙齿里面夹了一根韭菜,毁了你家的瓷砖。

勾缝剂的升级换代史

第一代勾缝剂的成分为白水泥,现已淘汰。

第二代勾缝剂的成分为白水泥和石英粉。依旧以白水泥为基底,加入石英粉以后,勾缝剂的硬度有所提高,还可以调成各种颜色,但它既不耐脏,还怕水、怕潮湿。

第三代美缝剂的成分为白水泥、石英粉和树脂。在第二代勾缝剂的基础上加入了树脂，第三代美缝剂的防水性能有所提升。刚上市的时候非常受欢迎，但很快就被淘汰了。因为它需要分两拨人施工——瓦工先用勾缝剂勾一半，美缝师傅再往上面填一半。

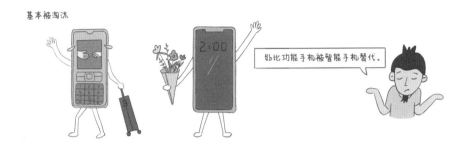

第四代瓷缝剂的成分为环氧树脂和固化剂。这种材质非常好打理，即使用在油污重的厨房，也没问题，缺点是"塑料感"比较重，跟时下流行的柔光、亚光材质的瓷砖不搭；而且因为瓷缝剂材质偏硬，在一些接缝处，如门槛石、窗台、浴缸和瓷砖之间，比较容易脱落。

第五代环氧彩砂的成分为环氧树脂和玻璃彩砂。环氧彩砂的色彩饱和度较低，跟瓷砖的适配度很高。它不仅有"颜值"，还是"实力派"，不易脱落、透气性好，但抗污能力比瓷缝剂差一些。

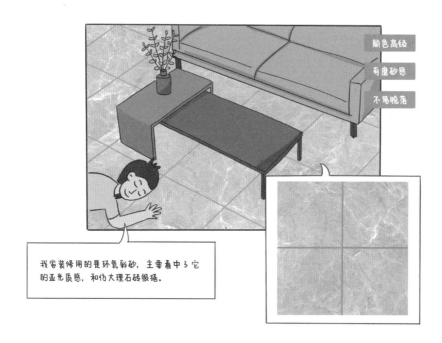

我家装修用的是环氧彩砂，主要看中了它的亚光质感，和仿大理石砖很搭。

不同的勾缝剂，适合不同的场景

耐脏指数：瓷缝剂大于环氧彩砂，环氧彩砂大于勾缝剂。勾缝剂最容易变脏，用久会变成脏灰色；环氧彩砂稍微好一些，但如果不及时清理，脏颜色也会进去，发黄；瓷缝剂则光亮如新。如果预算充足，还是推荐环氧彩砂。

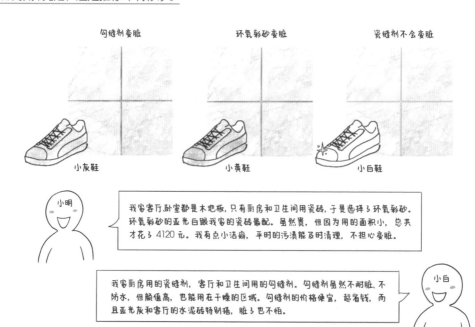

我家客厅、卧室都是木地板，只有厨房和卫生间用瓷砖，于是选择了环氧彩砂。环氧彩砂的亚光白跟我家的瓷砖最配。虽然贵，但因为用的面积小，总共才花了4120元。我有点小洁癖，平时的污渍能及时清理，不担心变脏。

我家厨房用的瓷缝剂，客厅和卫生间用的勾缝剂。勾缝剂虽然不耐脏、不防水，但颜值高，也能用在干燥的区域。勾缝剂的价格便宜，超省钱，而且亚光灰和客厅的水泥砖特别搭，脏了也不怕。

价格：环氧彩砂大于瓷缝剂，瓷缝剂大于勾缝剂。环氧彩砂的价格为 15 ~ 18 元 /m，瓷缝剂的价格为 6 ~ 10 元 /m，勾缝剂的价格约 13 元 /m²（勾缝剂最便宜，而且用瓦工的抹刀就可以把缝填满，因此用平方米来计算）。如果用米来计算，卜面这两种情况价格会更高。第一种情况是仿古砖，砖与砖之间的缝隙超过标准缝的宽度（标准缝隙的宽度为 2 mm）。第二种情况是小尺寸砖，同样的面积砖越小，需要勾缝的量就越大。

比如客厅的面积是 20 m²（5 m×4 m），铺设 60 cm×60 cm 瓷砖，商家分别给出了三种材质的报价。

环氧彩砂：1200 元
瓷缝剂：640 元
勾缝剂：300 元

我最喜欢环氧彩砂，它唯一的缺点是价格太高。

是它的缺点还是你的缺点？

光泽度：瓷缝剂大于环氧彩砂，环氧彩砂等于勾缝剂。瓷缝剂是亮光色，环氧彩砂和勾缝剂都是亚光色。瓷缝剂像主角一样自带光环，而环氧彩砂和勾缝剂则像是低调的配角，默默作为瓷砖的陪衬。小明家卫生间的地面和墙面都用了大理石纹样的瓷砖，勾了瓷缝剂之后，大理石纹样的连续性会被光亮的瓷缝剂破坏，拉低档次。换了与之色系相同的环氧彩砂后，就能很好地凸显大理石的质感。

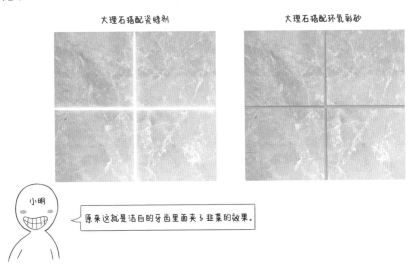

大理石搭配瓷缝剂 　　　　大理石搭配环氧彩砂

小明

原来这就是洁白的牙齿里面夹了韭菜的效果。

小白家厨房用的是亮光面小白砖，搭配了白色瓷缝剂，两者浑然一体。

美缝颜色这样选，肯定不出错

大理石等有纹路的瓷砖（木纹砖、水泥砖、岩石砖、水磨石砖等）选近似色勾缝剂。勾缝剂的颜色和瓷砖的颜色越接近，越能最大限度地突出瓷砖的质感。

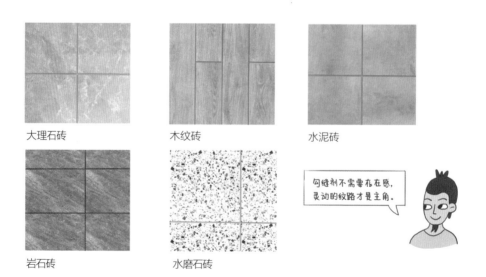

灰色、绿色等纯色瓷砖选白色勾缝剂。小白砖选白色或灰色的勾缝剂。

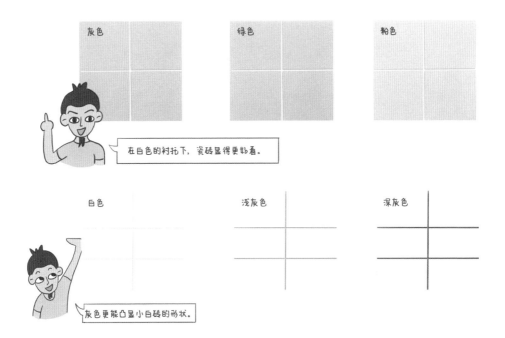

这样选一定不出错

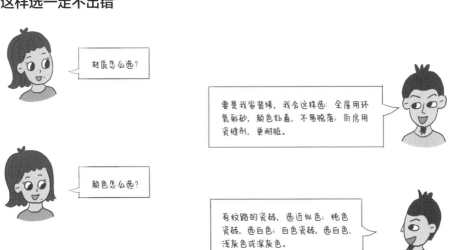

因为勾缝剂不能决定装修效果，所以经常被大家忽视，但它的确在我们眼皮子底下，每天抬头不见低头见，日后如果脱落或者变脏，则很难清理，常年看着这些细节污点，心里一定很难受。因此选对勾缝剂才能锦上添花。

第4章

木工工程

你家真的需要吊顶吗？

这样做吊顶，经久耐用、不开裂

你家真的需要吊顶吗?

一天,顾客田女士如约来咨询设计。我跟她详细解释了一下为什么必须做吊顶,以及现在吊顶的流行样式,方便她进行选择。

1 吊顶必不可少的原因

吊顶除了占用层高、拉长工期外，还会有额外的材料费和人工费（吊顶的费用是 140 ~ 180 元/m²），如果是特殊的造型，费用会更高。但我们仍然选择做吊顶是基于以下两个优点。

<u>第一，遮丑</u>。吊顶可以把横梁、管道、电器等隐藏起来，其内部还能安装窗帘盒、投影幕布盒和嵌入式灯具，让空间显得更整齐、精致。

<u>第二，装饰</u>。吊顶可以用高差来划分空间；可以做各种造型，搭配不同的装修风格；还可以修饰不平整的顶面。

卧室床头两侧分别安装了壁灯和吊灯，空调为壁挂式，没有什么需要隐藏的，因此不需要吊顶。

客厅没有吊顶，使用明装筒灯和射灯，白色的灯具与房顶融为一体，不显杂乱，很适合日式简约风格。

如果不做吊顶，管线怎么处理？

像这样直接开槽，埋入软管就可以。

　　总之，厨房、卫生间的管线比较多，吊顶必不可少，而客厅通常采用局部吊顶。例如同样是 2.4 m 的层高，在一个小空间如厨房、卫生间，如果做了吊顶，不会给人太压抑的感觉；而在客厅、餐厅等面积较大的空间，则适合做局部吊顶。

有推荐的吊顶样式吗？

有。我给您看一些案例吧。

2　如何选择合适的吊顶样式？

吊顶的样式分为局部吊顶和整体吊顶两种。局部吊顶常见于客厅、餐厅和卧室，主要满足功能性需求——隐藏，如窗帘盒、中央空调等，吊顶的面积不大。整体吊顶是指空间内表面无任何造型和层次的吊顶，优点是隐藏各种管线、灯具、电器，让天花板呈现整洁利落的效果。

第1种　局部吊顶——隐藏中央空调

中央空调的室内分机大小与行李箱接近，我们需要局部做吊顶把中央空调包起来，遮住分机和管线，只露出出风口就可以。

这家公共空间为开放式，设计师只在开放式厨房做局部吊顶，隐藏了中央空调和厨房管线；吊顶起到划分厨房与客厅的作用。

中央空调藏在客厅、餐厅之间走廊的吊顶中。中央空调如果在客餐厅的一侧，冷气会带不动整个房间，而设置在中间，则可以往两边吹冷气。走道属于交通区域，吊完顶之后，层高虽然矮一些，但不会有太大影响。

做吊顶时，我们经常遇到侧面和下面同时有出风口和检修口的情况，设计时应尽量对齐，这样看起来会更美观。

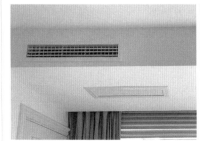

出风口和检修口没有对齐。

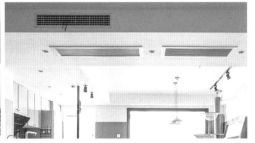

出风口和检修口对齐。

第2种 局部吊顶——美化突兀的房梁

房间里会有一些突兀的房梁，容易破坏整体美感，可以借助吊顶来弱化它的存在感。比如下面这两个例子。

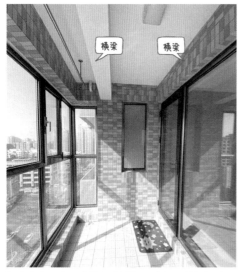

阳台上有两条距离较近的横梁，空间显得很细碎。如果直接吊平顶，效果一般。

设计师在两道梁之间做了回字形吊顶，并在吊顶四周贴了一圈纤细的石膏线，形成纵深感，搭配壁龛，阳台充满细节美。

原户型阳台和客厅的衔接处，3.7 m 长的横梁阻断了空间的连续性。

设计师用 V 形吊顶遮住横梁，把两个空间融合为一体。V 形吊顶一边藏了灯带，另一边隐藏窗帘盒，侧面还藏了投影幕布盒。吊顶上涂刷艺术漆，更有设计感。

第 3 种 局部吊顶——隐藏窗帘盒和投影幕布盒

局部吊顶还可以隐藏窗帘盒和投影幕布盒，分享下面两个案例。

窗帘盒与薄吊顶连接在一起，整体感更强。

隐藏投影幕布盒的吊顶需要根据幕布盒的尺寸来定制。

局部吊顶常见的三种样式分别为：局部平顶、"边吊"和回字形吊顶。局部平顶常用来隐藏中央空调、新风系统、房梁和灯具，如暗装筒灯、线形灯等。"边吊"被网友戏称为"单眼皮"石膏线，如果再加一个层次，则叫"双眼皮"石膏线，常用来隐藏窗帘盒和投影幕布盒。

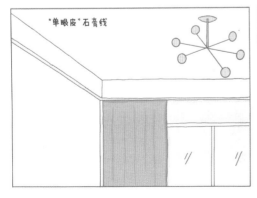

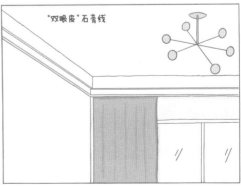

如果居室的风格是复古风或美式风,可以在"边吊"的基础上做些造型比较复杂的石膏线,丰富空间的层次感。

回字形吊顶是吊顶中的常青款,可以增加空间的层次感,一般会在吊顶内嵌入灯带,从视觉上拉高天花板。以前回字形吊顶的边缘比较宽,很多人不喜欢这么夸张的造型,但是随着灯带宽度变窄,现在回字形吊顶的宽度可以达到 10 cm。这种窄边回字形吊顶不仅可以隐藏各种灯具,还能藏窗帘盒、投影幕布盒。

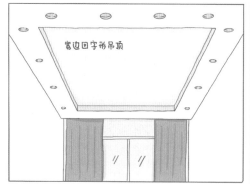

这种回字形吊顶内既可以安装中央空调出风口,也能同时隐藏灯带。缺点是如果长时间不使用空调,一打开它,灰尘会被全部吹下来。

第 4 种 **整体吊顶——传统型**

如果层高足够，可以选择传统的整体吊顶。

餐厅整体吊顶，吊顶内暗藏灯具，房顶显得更平整。　客厅整体吊顶，天花板平整简洁，适合极简风格。

第 5 种 **整体吊顶——悬浮式**

悬浮式吊顶的侧面暗藏灯带，不开灯时与平面吊顶无异，一开灯，整个天花板好像被光"托举"着，显得轻盈灵动。

悬浮式吊顶透出来的光比较微弱，主要是为了让空间更有层次和氛围感，日常照明还要搭配落地灯、轨道灯或筒灯等。　卫生间顶面有复杂的管线、电器等，最好将它们都隐藏起来。见光不见灯的悬浮设计既能遮丑，还能营造静谧放松的空间氛围。

这样做吊顶，经久耐用、不开裂

　　下面是卫生间施工前后的对比图，干净整齐的背后，吊顶功不可没，否则杂乱的管道就无处藏身了。本节我将带大家来了解一下吊顶施工的过程。严谨的施工既能确保墙体水平方正、结实牢固、墙面涂料不开裂，还能让吊顶与家具衔接良好、过渡自然。

吊顶施工前。

吊顶施工后。

　　我和监理士奇来到了正在做吊顶的工地——刘女士家，详细记录卫生间吊顶的施工流程。她家卫生间的面积为 4.1 m²，层高净高 2.5 m。吊顶分为两类，一边是厚吊顶，包住排污管；另一边是薄吊顶，用来遮水电管线和浴霸。

刘女士家的平面图

1 吊顶的施工工艺详解

入驻工地第一天，我见到了正在做吊顶的庞师傅，他今天的主要任务是放线——根据设计图纸画出龙骨的位置，而龙骨则是石膏板的框架。主龙骨对整个吊顶起主要承重的作用，因此主龙骨吊杆要用膨胀螺栓固定在天花板上，这样可以让整个吊顶更稳固，还能防止石膏板开裂下坠。当副龙骨的跨度小于 80 cm 时，主龙骨可以省去。

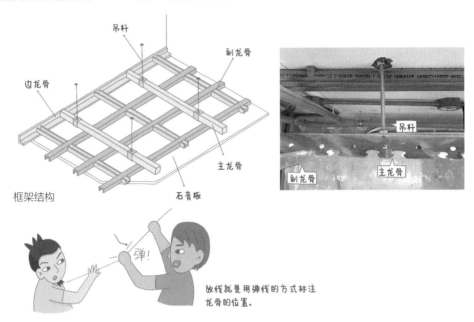

第 1 步 放线

放线是卫生间吊顶施工中最复杂的工艺，因为安装龙骨吊杆的位置需要避开所有管线，以及排风扇、浴霸等电器的位置，并且不能预留在灯位附近，否则会影响后期开孔。

❶ 在水平仪的辅助下，庞师傅根据施工图纸定位出吊顶的位置。

放线的另一个优点是提前看吊顶的位置，如果设计图纸出现误差，在放线的过程中，就能及时发现问题。比如吊顶会不会挡住门、窗和电器预留的孔洞等。

❷ 定好基准点后，就可以通过弹线将点连起来。弹线是用沾了墨的线，两人各拿一端，然后把线弹在墙上。庞师傅是独自施工，他自制了一根长木条，压住绳子一端，也能达到同样的效果。

❸ 确定边龙骨和主龙骨在天花板上的位置。

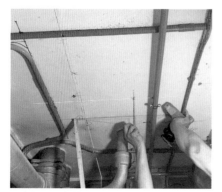

卫生间的水电管线、管道都"挤"在一起了，庞师傅在艰难地弹线。

不能在灯位处，这里有水管、电线，还要确保层高……

第一天，庞师傅完成了放线工作，利用剩余的时间，他开始钉木楔子。如果直接把钉子钉在天花板上，握钉力不足，因此需要用木楔子来提高握钉力。在放好的线上，按照不超过 50 cm 的间距钻孔，然后在孔里放入木楔子。用锤子将木楔子全部敲入墙体内部，这样才能确保结实牢固。

钉木楔子。

放线虽然费脑筋，但做好了，后面就会很轻松。所谓的磨刀不误砍柴工啊!

第 2 步　安装龙骨和侧封板

第二天，庞师傅根据放线的位置来安装龙骨，还要把侧面的石膏板提前安装好。

❶将边龙骨靠在墙体上，用电钻钻入事先放好的木楔子中，将其固定。

❷搭建厚吊顶框架。

❸ 封上侧面的石膏板。

❹ 这段石膏板长达 2 m，师傅用竖向轻钢龙骨在背后固定，以稳固整个吊顶。

❺ 侧面的石膏板固定好之后，测量好应预留的高度，在上面弹线，再用锋利的壁纸刀裁掉多余的部分，最后将切口打磨平整。

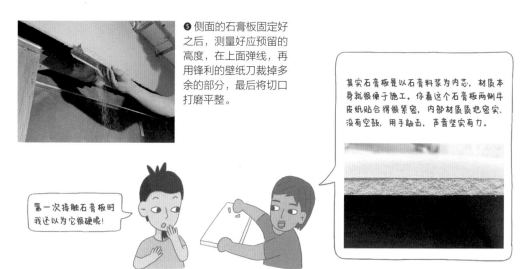

❻ 下方按照两根之间不超过 40 cm 的间距架设副龙骨。

❼ 用尺子检查间距。

❽ 如果一根副龙骨的跨度超过 80 cm，则需要在中间加设一根主龙骨来固定。

中午休息时，我和庞师傅继续聊吊顶的话题。庞师傅告诉我，靠墙的两根主龙骨距离墙体不能超过 30 cm，每两根主龙骨之间的间距不超过 1 m，这样才能更好地分散重量，减少后期开裂的可能性。

这是壁挂炉厂家指定的预留尺寸，庞师傅将写好的纸条贴在管道上，避免遗漏。

安装浴霸排风口。

❾ 安装好主龙骨后，用水平仪进行调整，保证整个吊顶是水平的。

第3步 安装石膏板

最复杂的工序已经完成，最后一步封石膏板就显得简单轻松了。最后一天，在庞师傅欢快的歌声中结束了工作。

❶ 用黑色自攻螺钉把石膏板固定在副龙骨上，钉子一定要没入石膏板，不能与石膏板齐平，否则后期油漆工师傅刮腻子时，会出现小凸起。

❷ 吊顶安装完成。安装石膏板时还要注意错缝，这样能让龙骨的受力更加均匀。每条缝隙中间应预留 3 ~ 5 mm 的膨胀空间，后期补上嵌缝石膏，可以有效防止拼接处开裂。

转角处，将整张石膏板裁成 7 字形。

此外，安装石膏板时还有一个注意事项：在吊顶转角处，要将整张石膏板裁成 7 字形。因为转角处受力比较集中，如果是横竖两块石膏板拼接，后期更容易开裂。

历时一周，卫生间吊顶完成。

前几天我爸的手机听筒坏了，我跟他一起找了一家手机维修店。维修师傅拆开手机检查，我看到里面复杂的零件瞬间联想到了吊顶背后的结构。房顶上铺设了纵横交错的管道，架满了一根根吊杆和龙骨，这跟手机内部的零件很像，而吊顶就类似手机壳。

验收时我和监理一起来到现场，看到干净整洁的卫生间，我还有点小激动。如果不是亲自去现场看吊顶施工的流程，我们很难想象其背后繁杂的工作，这一道道工序像是流水线的产品，却又是手艺活。纯手工打造的房子可能不如流水线上生产的手机那么精密，但是通过师傅们精湛的工艺，却能让房子像一款好手机一样——"颜值"高、性能稳定、经久耐用。

2 4 种常见的吊顶施工流程

接下来再来看看 4 种常见的吊顶施工流程。这次我和士奇去了另外一个工地——这家客厅的吊顶集合了窗帘盒、暗藏投影幕布盒、弧形吊顶和中央空调出风口 4 种样式。客厅面积是 26.2 m²，层高约 2.7 m，设计师要在客厅的 3 个边做吊顶。

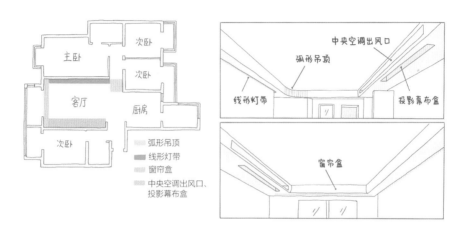

水电管线、中央空调的室内机已经安装好了，等待木工进场。

第 1 种　**窗帘盒**

客厅一侧除了有窗帘盒，还有嵌入式线形灯带和弧形造型，弧形造型可以使吊顶和房顶之间过渡自然。放线前，两位师傅在细木工板上涂刷防火涂料，防火涂料需要干燥 1 个小时左右（并非所有的情况都会刷防火涂料）。

弧形造型

安装窗帘

嵌入式线形灯带

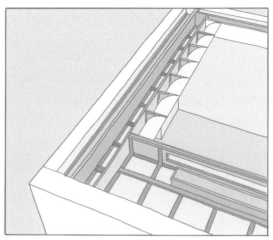

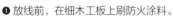

❶ 放线前，在细木工板上刷防火涂料。

是的，石膏板很轻，可以在表面直接涂刷腻子和墙漆，但不能承重，因此窗帘盒会用细木工板制作底层，石膏板制作表层。

窗帘盒一定要用细木工板吗?

这家还有哪些地方需要用细木工板?

投影幕布盒、中央空调出风口都需要用细木工板。

我之前设计的别墅项目也有不少地方用到了细木工板，比如挂吊轨推拉门、安装特别重的吊灯，以及固定餐厅顶部的水波纹金属装饰板等，这时候必须用细木工板来衔接。

细木工板像万能胶，能把不同的材质粘结牢固。

❷ 在细木工板干燥期间，朱师傅开始放线，按照 30 ~ 40 cm 的间距打孔，并放入木楔子。

❸ 防火涂料干透后，将细木工板锯成细长条，作为边龙骨固定在墙上和天花板上（常见的龙骨材料有木龙骨和轻钢龙骨，这里用了木龙骨）。

❹ 将细木工板固定在边龙骨上。

❺ 在细木工板制成的窗帘盒下贴石膏板。

他家的窗帘盒深 15 cm，宽 18 cm。通常，窗帘盒的深度是 15 ~ 18 cm，宽度在 15 ~ 22 cm 之间，具体还要参考窗帘轨道的宽度和窗帘的厚度。如果在窗帘盒中安装灯带，还要留出灯带的空间。这些情况都要提前规划好，以便尽早确定窗帘盒的尺寸。

朱师傅，这家的窗帘盒有多宽？

❻ 窗帘盒外侧的龙骨搭建好了。

石膏板封完，石膏板预留的缝隙内安装了线形灯带。

第2种和第3种 暗藏投影幕布盒和中央空调出风口

　　投影幕布盒的尺寸不一，通常都是木工师傅现场用细木工板裁切好，然后用电动气钉枪拼合起来的。此外，中央空调出风口也需要用细木工板做衬底。

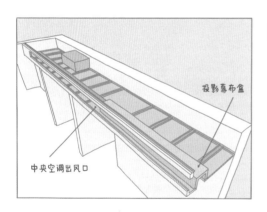

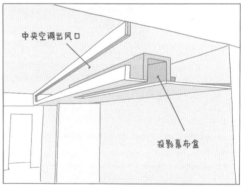

❶把吊杆穿过幕布盒旁边的挂件，用螺母固定起来。

❷ 将投影幕布盒调平。

❸ 在幕布盒内钉上石膏板（客厅没有防水的要求，因此用了普通石膏板）。

❹ 整个吊顶封好了。

❺ 这是中央空调出风口的一侧，在石膏板上测量出风口的尺寸，然后弹线、裁切、打磨。

可以看到内部的细木工板衬底。

吊顶完成后的效果。

第4种 **弧形吊顶**

弧形吊顶施工的关键点是对弧形石膏板与石膏板的接缝处理，为了防止后期变形开裂，可以在接缝处的背面用白胶和排钉固定一块石膏板，让相邻石膏板衔接得更紧密。

❶ 做弧形吊顶前，朱师傅先在细木工板上计算所需的弧度。

❷ 切割上墙，作为弧形吊顶的骨架。

❸ 用壁纸刀在石膏板后面划出一道道平行线。

❹ 经过处理的石膏板可以弯成任意弧度。

像是一点点展开的竹简。

❺ 展开铺设的同时，用电动气钉枪在一边固定。

❻ 弧形石膏板安装完成,与墙体接触的部分,在背面刷白胶固定。

❼ 在弧形石膏板与常规石膏板的接缝处,用排钉进行固定。

❽ 在弧形石膏板与常规石膏板的接缝处背面,师傅用白胶和排钉固定一块石膏板,让相邻的两块石膏板衔接得更加紧密。

❾ 底面是一整块石膏板,这样可以有效缓解开裂。师傅用角磨机顺着已立好的侧板的弧度,现场打磨。

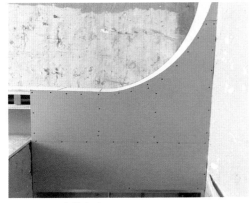

❿ 弧形吊顶安装完成。

客厅吊顶最终效果。

总结一下吊顶施工的三大注意事项。

<u>第一，造型顺滑平直</u>。每完成一步木工师傅都会仔细检查吊顶是否水平或垂直，弧线是否顺滑，这是最基本的要求。

<u>第二，预防开裂，尽量避免拼接，建议错缝铺贴</u>。首先在容易开裂的区域使用整块石膏板，如吊顶转角处。其次大面积铺贴石膏板时，建议错缝铺贴，这样可以让石膏板的伸缩力分布得更均匀。如果有条件，可以考虑双层石膏板错缝安装，这种方法可以有效缓解开裂，但费用较高。

<u>第三，用细木工板做衬底，会更加结实耐用</u>。制作需要承重的吊顶时，要用细木工板做衬底，比如窗帘盒、投影幕布盒、中央空调出风口等，因为石膏板不能承重。承重较大的话，甚至还会用到钢结构。

总之，这就好比我们买一款手工打造的实木家具，到手之后肯定要看材质如何，摸一摸手感是否光滑，晃一晃判断是否结实牢固……吊顶施工也是手工活儿，也是同样的道理。

第 5 章

油漆工程（饰面工艺）

| 最全墙面工艺，从里到外，层层扎实 |

| 科学选择墙面色 |

最全墙面工艺，从里到外，层层扎实

上面是一位网友的留言，带着这个问题，我来到芳星园小区请教经验丰富的油漆工徐师傅，记录刷墙的过程，并确定是否必须铲墙皮，以及铲墙皮这么麻烦，到底值不值得。

到了工地，我简单和徐师傅简单聊了几句，就开始讨教施工问题。

1 墙皮到底需不需要铲？

什么情况下可以不铲墙皮？如果必须铲墙皮，要铲到哪一层？

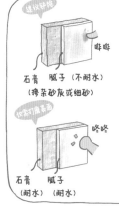

现在的墙面装饰材料越来越精致了，早些年的石膏、腻子现在都不能用了。前几天，我接手了一个 1986 年的老房子，都是洋灰墙（也叫洋石膏）—— 石膏里面掺杂着砂灰，松散得很，一碰就掉，这种墙面就需要铲掉。

到了 2000 年左右，石膏和腻子更精细了，但无论如何也是 20 年前的材料，腻子不耐水，石膏里面可能掺杂了细砂，依然很容易变形，特别是一些精装房，材料会更差，这样的也得铲掉。

如果是近几年刚装修的房子，材料会相对好一些，有耐水石膏和耐水腻子，这种材料比较坚固，即使铲除也需要付出很大的代价，这种墙面可以只铲掉墙的表皮层，保留坚硬的腻子层。

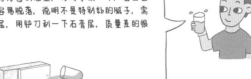
那我怎么判断原始的墙顶层质量如何？是否需要铲除呢？

直接往墙上倒点水，等水分渗透到墙里，再用手摸一下，看白色腻子粉会不会脱落。如果容易脱落，说明不是特别好的腻子，需要铲掉。腻子里面是石膏层，用铲刀刮一下石膏层，质量差的很容易刮掉，这种需要铲掉。

用铲刀刮一下石膏层，看是否容易刮掉

直接往腻子层倒水，看是否容易脱落

听完徐师傅的介绍，我还是不确定基层的好坏，涂刷墙漆期间我又去了几家工地。通过实地调研，我发现墙体饰面的结构，每家都不一样。

老房子

乳胶漆　腻子（普通腻子）　石膏（掺杂砂灰）　墙体

新一点房子

乳胶漆　腻子　石膏（耐水）　水泥砂浆　墙体

多次装修没有铲完墙皮的房子

乳胶漆　腻子　墙固　腻子　石膏　墙体

黄色墙固上面是一层腻子。

墙固下面又是一层腻子。

松散的砂灰石膏部分铲除

下图是 1986 年的老房子，墙面用的是粗糙的砂灰石膏。因为业主不打算在这里长期居住，不想太麻烦，所以设计师和业主决定只铲掉特别松散的地方（通常遇到这样的情况，我们建议全部铲除）。

这是铲除部分的效果，铲除的地方将来用水泥砂浆来找平。

没有铲除的地方也很松散，手轻轻一碰就掉了，这些地方时间久了容易变形脱落，不及时铲除的话，墙皮也会出现问题。

后来业主决定全部铲除，这是完成之后的效果。

此外，这种砂灰墙并不只是出现在老小区，很多新小区也有。比如之前我遇到的某 2018 年的回迁精装房，开发商在墙里面用了掺杂砂灰的石膏。

就像徐师傅说的那样，这家房子的墙面湿了水之后，腻子轻轻一擦就掉了。

刮开之后，里面是松散的砂灰。

只铲除了腻子层

这也是一家老小区，他们家只铲除了腻子层。虽然房子的年代久远，但是石膏层比较结实，铲起来很费劲。铲完腻子之后，我们用空鼓锤敲击墙面，没有空鼓的地方，于是我们决定保留原始墙的石膏层。

墙面用的是砂灰石膏。

客厅铲了表面腻子之后的效果。

用空鼓锤检查。

我总结了一个简单的方法来判断是否需要铲墙皮：如果铲都铲不掉的，说明墙皮坚固结实，就不用铲；轻松就能铲掉的，说明它的结构松软，则需要铲掉。

此外，不铲墙皮直接刷漆，会出现以下问题：首先，新刷的材料和原始松散的材料黏结不牢固，墙面会出现空鼓、脱皮、裂纹等；其次，如果不用石膏找平，墙面很可能不平整、转角不直，影响美观，家具也无法紧贴着墙面摆放；还有更严重的，老旧底层很松散，时间久了容易变形、塌陷，墙皮会出现大的裂口。

墙底层结实牢固，墙面才不会出问题。好比这棵大树，根基扎得牢，树冠才能长得壮实

回到开篇那个问题，我是这么回复网友的。首先判断墙体基层的质量，如果还不错，就可以轻轻打磨一下重新刷漆。如果质量很差，直接刷漆可能导致墙体大面积开裂、脱皮，建议全部铲除。如果预算有限，可以选择退而求其次的方法——打磨原始墙漆，在上面直接刮 1 ~ 2 层腻子，然后重新刷乳胶漆，这样开裂的风险会小一些。

如果想贴壁纸，则需要让壁纸厂家去现场看一下墙面是否可以直接滚刷基膜，然后再贴壁纸。如果不可以，应把漆面打磨成磨砂表面，然后再滚刷基膜贴壁纸。

解决完这个问题，我还有一个疑问：铲墙皮并重新刷墙又贵又麻烦，是否值得？带着这个问题，我们来看看徐师傅的刷墙全过程。

2 涂刷墙漆的 6 道工序

徐师傅首先给我介绍了墙面的结构，刷墙的步骤如此烦琐，但是看完涂刷墙漆的全程之后，我才知道每一步都有它的作用。其中新砌墙体、挂钢丝网、水泥砂浆找平在前面的章节已讲过了，徐师傅将从石膏找平层开始施工。

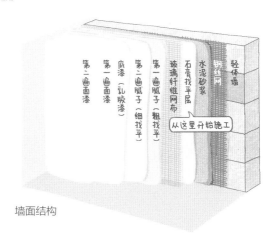

墙面结构

这是拆除前的样子。工人拆除了旧地板，铲了墙皮，水电师傅铺设了水电，木工师傅也做了吊顶，接下来到了基础装修的最后一步——墙面工程。

徐师傅整理好工具，开始刷墙了。

这是铲完墙皮的墙面，直接铲到了水泥砂浆层，上面的白色残留是铲不动的石膏或腻子。

第1步 涂刷墙固

先涂刷墙固（也叫界面剂），墙固可渗入墙体，对内抑制墙面起砂，对外可以增加石膏的附着力。

黄色是涂刷上去的墙固。

第2步 将吊顶填补平整

用石膏把吊顶上面的钉眼、石膏板之间的拼缝等地方处理平滑。

❶ 先在钉眼上涂刷防锈漆。

❷ 搅拌石膏。

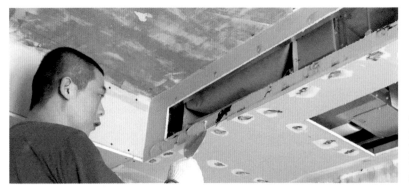

❸ 把黑色的防锈漆盖住，防止颜色太深透到表面，再把石膏板拼缝的地方填补平整。

❹ 石膏板与墙、石膏板与石膏板之间的拼缝都贴了绷带。徐师傅用白胶粘贴的绷带，胶刷得满满的，粘贴绷带之前先刷了一遍，贴完之后又在上面刷了一遍，并检查绷带是否牢固。

绷带一定要粘贴紧密，不能空鼓，做好这一步能很好地防止乳胶漆开裂。

第3步 用石膏找平墙面

用石膏找平墙面属于非常精细的找平，需要先测量找平的厚度，然后再填补石膏，并找平让其平整。

为什么既要水泥砂浆找平，还要石膏找平、腻子找平，这么烦琐？

水泥砂浆层有很多问题，比如材质本身颗粒粗糙、墙体表面有轻微的凸凹不平、墙面有水电槽、转角不顺直、墙面和吊顶之间有缝隙等，这些都要靠找平来解决，而石膏比水泥砂浆要细腻很多，还批刮得比较厚。

石膏找平完，接下来是批刮腻子，比之石膏，腻子更加细腻、柔软，打磨之后也更平滑。腻子不能批刮得太厚，它是刷乳胶漆前比较好的打底材料。

明白了，总之石膏需要厚批刮，把墙面填补平整；腻子需要薄批刮，把墙面打磨光滑，这样容易上漆。

对，是这个意思。

179

❶ 用石膏填补电路槽。

❷ 把电路槽补平整之后，做防裂处理——贴玻璃纤维网布，防止新刷的石膏和原始墙体之间产生裂痕。

❸ 一边找平，一边用尺子测量计算找平的厚度。

❹ 先把 4 条边的厚度找出来，再填平中间。

❺ 使用 2 m 长刮板先批刮满半墙。

❻ 使用同样的方法，找平完剩余的半面墙。

细节：石膏刚找平完，墙体表面仍然比较粗糙，但是比原来的墙面细腻平整多了。

❼ 粗打磨，为接下来刷腻子做准备（并不是每一个油漆工师傅到这一步都会打磨）。

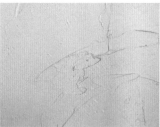

刚批刮完。

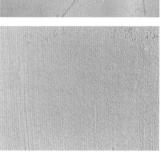

打磨后。

第 4 步 **给阴阳角贴角条**

贴阴阳角条的主要作用是让墙体的转角更加笔直方正，还能起到加固作用，防止墙角磕碰掉漆。

❶ 裁切阴角条。

❷ 先在墙角刷腻子，再把裁切好的阴角条压在上面。

❸ 用靠尺压直并固定。

❹ 用腻子覆盖。

❺ 吊顶同样需要压实角条，并用腻子覆盖。

❻ 边角贴好了阴阳角条，用腻子盖住，现在棱角分明了。

第 5 步 **挂玻璃纤维网布和刮两遍腻子**

挂玻璃纤维网布能很好地防止墙体出现细微的裂痕，减缓墙体开裂，但是大的裂痕是不能预防的（有条件的可以贴，没条件的不贴也行）。

❶ 先用腻子固定玻璃纤维网布。

❷ 刮第一遍腻子。

腻子比石膏又细腻了很多。

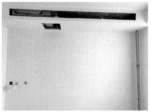

第一遍腻子完成。

❸ 等第一遍腻子彻底晾干之后，刮第二遍腻子，这一遍会更加细腻平滑。

❹ 两遍腻子都干了再打磨平整，这时对平整度的要求比较高。徐师傅拿手把灯照着打磨，微小的瑕疵也能看清楚。

如果腻子没有打磨平整，涂刷乳胶漆时可盖不住了，一眼就能看到。

第6步　涂刷乳胶漆

　　腻子干透之后就可以刷乳胶漆了。乳胶漆需要刷三遍，一遍底漆，两遍面漆，底漆既能封闭墙面底层返上来的潮气和碱，还能增加漆面的附着力；面漆则负责美观，它饱满细腻，容易擦洗。注意：每次刷漆之前都要等前面一层干透了才能进行下一步。

❶ 先用刷子刷四周。

❷ 再用滚刷刷中间。

我想起之前在网上看到的新闻，有人刚刷完墙，就开电风扇通风除甲醛，这样是万万不可的。这么大的风力，虽然吹干了墙的表面，但内层没有干，会导致墙体内外伸缩程度不同，从而引起墙面开裂。

完成效果，墙体表面细腻平滑，整体平整方正。

转角处顺直平滑。

可以看到亚光肌理，均匀又细腻。

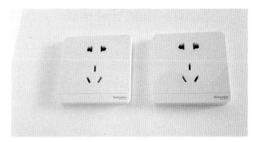

开关四周没有破损。

这家的面积是 110 m²，除了厨房和卫生间，全屋墙面都刷了乳胶漆，刷漆的总面积约 330 m²。徐师傅在进行每一步工序的时候都要等前面一步干透了才能进行下一步。干得最慢的是石膏层，因为比较厚，乳胶漆干得最快，当天就能干。徐师傅安排好工序，这边晾干时去刷另一边，陆续工作了十几天。

石膏层干透差不多用了四五天，我们俩中间还去看了一下，我感觉干透了，徐师傅说："你看的是表面，里面还潮着呢，必须彻底干透了才行，不干透着急施工的话，里面会发霉的。"

徐师傅话虽不多，干起活来动作却很麻利，有时我出去溜达的工夫，回来发现进展了一大截。那些天每到中午，我两一起在工地点外卖，边吃边聊。吃饭时，我问了徐师傅一个问题：如何判断饰面工艺的好坏？下一小节再来介绍。

3 如何判断饰面工艺的好坏？

看表面有没有以下 5 个问题

<u>表面是否平整。</u>中期验收时，我们会拿 2 m 长的靠尺检查平整度，此时油漆工已经找平并打磨完墙面，只差刷乳胶漆了。这时既能检查出墙面的平整度，还不用担心靠尺把墙面蹭坏。

<u>有没有混入杂质。</u>比如一些小颗粒，这是因为刷漆时周围的砂子等脏东西混进去了；此外，劣质的滚刷掉毛，也会混进去杂质。

<u>小坑（俗称沙眼儿）。</u>刷腻子或者乳胶漆时进入了一些小气泡，完成时就变成了小坑。

<u>乳胶漆流坠。</u>流坠是乳胶漆加水的量没有掌握好导致的。

<u>拼色墙的拼接处是否整齐。</u>胶带没有粘贴紧实会导致出现一些毛边。

看转角有没有以下 2 个问题

<u>破损。</u>腻子没有打磨平滑，乳胶漆涂刷得不均匀。

<u>是否垂直。</u>转角找直的时候有没有做好。

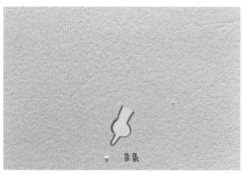

杂质。

小坑，刷底漆时能明显看到，此时应及时打磨平滑。

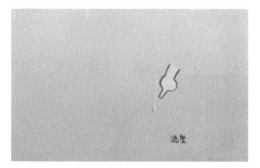

流坠。

转角处破损，这些多数都是由于腻子没有打磨平整。

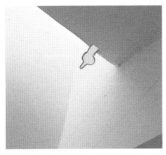

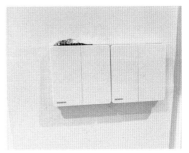

吊顶的位置比较高，可能是不方便
操作的原因，阴阳角没找顺直，还
有一些小破损。

破损。

此处没有计算好开关面板的大小，露出
底层了。

和徐师傅聊完，忽然想起我电脑里存了一个很不错的刷漆案例，可以对比来看一下。

业主选的是 7°亚光质感的墙漆。

像鸡蛋壳一样粗糙的肌理，却又均匀细腻。

拼色墙的拼接处均匀整齐。

吊顶处安装投影幕的凹槽处理得利落整齐。

别说直角边，找出的弧形也是均匀平滑的。

吊顶处的弧线一气呵成。

饰面工艺像极了衣服的做工，除了看面料，还要看版型、衬里、针距、缝线、五金等。

　　每次看到最终完成后屋子里方正利落的样子，就不免感慨房子的装修施工工艺和衣服的做工是一样的。妈妈买裤子时会拎起裤子看看裤缝线有没有歪，不然穿上之后裤腿就会跑偏，很难看。虽然我自己没有亲手做过衣服，但是做工好的衣服和做工差的衣服摆在我面前，我便能感觉出来。涂刷墙面也是如此，都是手工活，而且工艺一点也不比缝裤子简单，做工的好坏居住者一定能感觉得出来。

4　墙面出问题的小故事

故事 1　**窗台附近的墙皮返潮**

　　小妍家 2018 年装修完，住进几个月之后，窗台下面的墙就开始微微发黑，一年之后变得更黑了，看起来像贴了一款带黑色纹理的壁纸，第三年遇到了暴雨，直接把墙给泡了。

墙皮返潮。

　　我看墙面变成这样，推测背后的原因可能有两种。一是由于窗户外胶条没有密封紧实，或者户外的窗台开裂，导致水通过胶条或者窗台的裂缝渗了进来。二是浇花的时候积水留在窗台上，或者冬天窗户上形成了一些水汽，水沿着窗台流到了墙体和窗台的接缝处，又进一步渗入墙体。

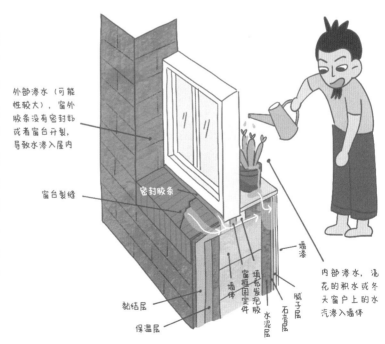

外部渗水（可能性较大），窗外胶条没有密封，或者窗台开裂，导致水渗入屋内

窗台裂缝

密封胶条

墙漆

内部渗水，浇花的积水或冬天窗户上的水汽渗入墙体

窗框固定件

填充发泡胶

墙体

黏结层

水泥层

石膏层

腻子层

保温层

　　沟通之后，我们认为第一种的可能性最大。胶条伸缩变形有漏口，或者窗台有裂缝，雨水顺着胶条的漏口或者窗台的裂缝渗入墙内，水从墙内往房间的方向返了出来。

　　窗户的缝隙很容易进水，因为窗户比较方正，但现场留的窗洞不一定方正。因此厂家在生产窗户时，会比窗洞的尺寸小一圈（以最小能将窗户塞进窗洞的尺寸为准），然后用发泡胶填充四周的空隙。这个空隙一般在 1 ~ 3 cm 之间，非常容易进水。

　　小妍联系了专业人士上门解决户外漏水的问题。因为不确定是胶条有漏口还是户外窗台有裂缝，所以两个地方都做了防水，无论是胶条的漏口还是窗台微小的裂痕，肉眼都看不出来。

　　通常外墙体的结构比较稳定，不会伸缩变形，但是新换的窗户和胶条会伸缩变形，这种伸缩变形发生在一两年之内，这期间要重点关注一下，而胶条老化则发生在 5 年后。

故事 2 **破损的阳台墙面**

　　小凯家装修 5 年了，每个房间的墙面看起来都挺好，唯独阳台的墙皮有点惨不忍睹。窗台周围的墙面保持得不错，但踢脚线上面有一块区域破损严重，从破损的严重性和位置推测是外墙有裂缝造成的。外墙开裂渗水量很大，会导致墙皮严重破损。

雨水透过开裂的墙体渗入墙内，浸湿石膏层、腻子层和乳胶漆，导致墙面发霉、返碱、蜕皮

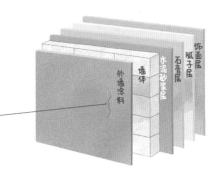

阳台破损的墙面。

　　我主动和小凯说了他家外墙皮开裂的事，他想找物业来解决，我想起来之前遇到过类似的情况，于是找出了照片给他看。

开工当天我发现他窗户外窗台上面有裂痕。我跟业主说，这种裂痕如果不及时处理，很可能会渗水。于是我们先找物业，物业以没有维修基金为由拒绝了。后来他找了专门做室外防水的公司给窗台处做了一层防水保护。但外墙是否还有更大面积的裂痕我们也无法判断。

我家这种情况怎么办？自己维修外墙成本太高了。

外墙漏水的问题我们无法解决，防水保护也只局限于窗台附近。你家如果再装修的话，可以考虑在阳台墙面铺贴瓷砖。

故事3 墙面壁纸发黑

在收集墙面问题的资料时，我想起朋友晓宇之前跟我提过他家客厅的壁纸发黑了，于是让他拍几张照片发给我看一下。

晓宇下班回家后给我发来了照片。他家在辽宁省，有典型的东北气候特点，房子装修6年多了，客厅上下墙角的位置严重发黑。可以确定的是这个位置没有管道，都是墙体。我看完照片有点拿不定主意，和程亮一起探讨了一下他家的情况。

墙角的壁纸发黑。

我推测他家的情况是"热桥效应"导致的。

很有可能，他跟我提到了他家的墙是内保温隔层，更容易凝结水汽。

热桥效应是指建筑墙体有的地方导热快、有的地方导热慢，比如混凝土材料的导热性是普通砖块的2～4倍。天气变冷之后，室内外温差较大，冷热空气频繁接触，就会造成房屋内墙结露，凝结的露水多发生在材料的中间层和墙角。结露形成的水汽会使墙体发黑。

保温层上面有水汽凝结，水汽由内而外浸湿石膏层、腻子层和壁纸，长期潮湿的环境导致墙面发霉、发黑。

结露散布在保温层，渗透到石膏层和腻子层

我见过更严重的结露现象，直接导致墙面滴水、发霉。

有一次去工地，我看到这家墙面上有明显的保温板拼接的痕迹，这也是"热桥效应"导致的。室内外温差较大的季节，大量水汽集结在保温板的拼缝处，就形成了有规则的黑印。

在北京，通常老一点的房子是内墙保温，而新一点的房子保温层都在墙外。内墙保温的房子可以采用两个方法来缓解结露现象：一是保持室内通风，减少结露现象的发生；二是装修时多加一层石膏板，代替批刮石膏，减缓水汽渗透。

故事 4 洗手池附近的烂墙根

去年，网友熊巴别咨询我他家烂墙根是怎么回事。

化老师，您看我家这里是怎么回事？这面墙的踢脚线变形，踢脚线上面的壁纸也翘起来了。

周围的照片发我看下。

这面墙边上是洗手池，正对着的是卫生间。

你家这面墙连着洗手池和卫生间，卫生间门套底部没有变形，维持得比较好，可以判断是洗手池附近的水浸湿了踢脚线。

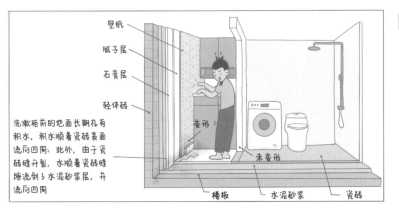

洗漱柜前的地面长期存有积水，积水顺着瓷砖表面流向四周；此外，由于瓷砖缝开裂，水顺着瓷砖缝隙流到了水泥砂浆层，并流向四周

　　我家的情况跟这位网友类似，也是洗漱柜前地面积水导致的。水渗到了木地板下面的水泥砂浆层，顺着水泥砂浆层流向四周，浸湿了墙内，潮气由内而外挥发出来。此外，还可能来自淋浴，卫生间里没有做封闭的淋浴房，是开放式淋浴，每次洗完澡穿着湿漉漉的拖鞋走来走去，也会把水带到门口，导致周边受潮。

墙面受潮后返碱、起皮。

　　虽然我们在卫生间做了防水，但只能阻止水往楼下渗，而以上这两种情况是生活用水长期堆积在地面表层导致的烂墙根。没有做干湿分离的户型，洗手池附近会有乳胶漆、木质结构等容易受潮的材料，应特别注意防止地面积水。

　　可以通过这几种方式来避免烂墙根：洗手池附近尽量使用瓷砖；如果是新砌墙体，砌筑防潮地基可以预防墙皮返潮；如果使用了乳胶漆或者壁纸，平时应注意尽量避免地面积水，或者在洗漱柜前面放一块吸水地毯。

故事5 有些开裂无法避免

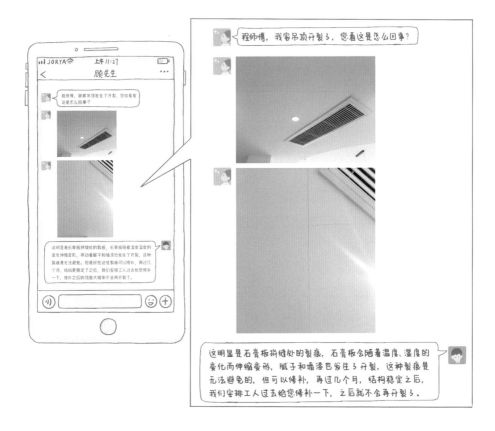

这件事发生在去年，顾先生是我们的顾客，住进新房一年左右，房顶的乳胶漆开裂，从裂痕可以看出用了整块石膏板拼接，当时也是严格按照正规流程来施工的，拼缝处都会粘贴绷带。

窗户转角处的墙体由于应力发生变形，导致墙皮开裂。

吊顶转角处开裂，原因是龙骨伸缩发生变形。

以上几种应力现象多发生在房子装修完 1 ~ 2 年内，经历了一年四季的冷热温度、湿度变化之后，墙体结构基本稳定，就不会发生伸缩变形了。这种开裂是很好补救的，等结构稳定后修补一下墙面，就不会再开裂了。

墙体开裂得不严重，可以直接刷漆盖住裂痕；如果盖不住，就需要沿着裂缝剔开墙皮，然后刷腻子、打磨，再刷乳胶漆。

故事6 按标准来施工，降低墙面开裂的概率

几个月前我去表妹家，发现她家的墙皮脱落了。她当年装修时预算有限，简单打磨一下表面就刷漆了，住进去才一年多，由于墙皮黏结得不牢固就开始脱落。我用指甲刮了一下底层，确实是老房子的砂灰墙底层。如果当初铲掉，重新刷石膏腻子应该就能避免墙漆脱落。

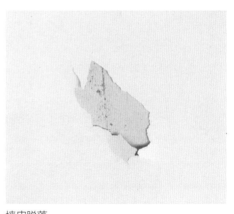

墙皮脱落。

这让我想起了自家精装修的房子，裂痕出现在插座背后，从房顶延伸到地上，出现在房间整面墙中间的位置。发现裂痕后我的第一反应是背后有线管，用手敲击了一下，果然声音跟其他地方不一样，开裂处背后的墙面敲击声音是空的，其他地方的墙面敲击起来是实的。

插座背后有裂痕。

为了埋电管，就要开槽，开槽之后填补的石膏和原来墙体结合的地方，由于位置、张力和收缩力不同而导致开裂。施工时应注意：<u>等填补的石膏干透后，再在交接处铺贴玻璃纤维网布，这样就能大大降低开裂的概率。</u>

程亮又给我讲了一个例子。

师傅在开槽的部位贴玻璃纤维网布。

这个老房子的裂缝正好是门洞的形状。我推测这里是施工洞——建楼房时，为了方便运输材料而留的洞孔。这个裂痕很深，应该是工艺比较粗糙，这和填补水电开槽的地方类似，也是两种材料的衔接处。后期施工时我们会把原始裂缝剔开，然后再填上新的装修材料，比如胶、水泥、快粘粉等，最后贴上整条的玻璃纤维网布。此外，用壁纸或者壁布也能减缓墙体开裂。但上述方法也只能起到延缓作用，无法根治，更稳妥的方式是在上面贴一层石膏板。

最后，总结一下墙体出现问题的原因及解决方案。

原因一，因漏水导致的墙体返潮、返碱、发霉。比如窗台胶条伸缩变形、老化，外墙开裂，建筑热桥效应导致的墙体结霜等，这时应及时阻挡水源，并修补墙面。

原因二，因建筑结构应力导致的墙体开裂。比如吊顶转角处和其他材料衔接处（窗户、门框周围），可以等 1 ~ 2 年墙体结构稳定后再修补。

原因三，施工不符合标准导致的墙面开裂、起皮。比如没有铲干净墙皮，墙体的上一层没有干透就开始施工等，解决方法是按照标准的流程施工，降低墙体开裂的概率。

再好的化妆品，皮肤不好也没用；再好的装饰，墙面破旧也白费。

　　在写这节文章的时候，手机里忽然弹出了一条新闻，"47岁某明星晒自拍庆生！皮肤嫩滑堪比鸡蛋。"我忍不住点开看了一下，文中说她每年要用掉700多张面膜，可见好肌肤的背后付出了大量的努力和耐心。

　　墙面也像皮肤，除了要有好的底子，还需要花费精力去维护。初步判断墙面出问题的原因，就能知道如何去避免或及时补救。房子住久了看起来比较旧的原因多半是因为出现了问题没有及时解决，因此日后发现问题一定要尽早解决，否则会越来越严重。如果皮肤是面子，那么家就是里子，维护好它，才能让我们的房子常住常新。

科学选择墙面色

朋友思雅在广州买了一套小公寓，她说自己很喜欢彰显个性的红色，问我墙面用珊瑚红行不行。借着这个问题，我来介绍一下如何科学选择墙面颜色。

1 用颜色调节房间的温度

思雅的小公寓在广州，南向，她说在广州北向的户型反而更受欢迎，因为当地气候炎热，一年中有 7 个月都是夏天，她还是怕热体质。我给她选了一款淡蓝色的墙漆，因为蓝色能让房间的视觉温度降下来。

"色彩动力学"实验研究，把一个人放在相同的两个房间，区别只是光线一蓝一红，当测试者在蓝色房间的时候，会把房间的空调温度调高 2℃。测试者在红色房间的时候，心率会增加，脑电波比较活跃，甚至还会出汗。这是因为颜色的冷暖变化影响到了人们的生理反应。《色彩心理学》也提到过，蓝色会让人联想到海水，红色会让人联想到火焰。

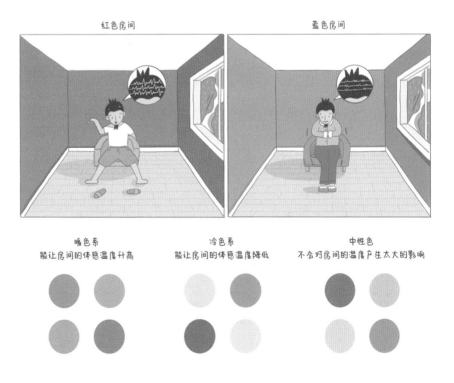

红色房间　　　　　　　　　蓝色房间

暖色系
能让房间的体感温度升高

冷色系
能让房间的体感温度降低

中性色
不会对房间的温度产生太大的影响

2　用颜色改善户型缺陷

思雅还问了我一个问题："公寓的整个空间狭长，如何才能避免这种狭长的感觉？"

我给出了两点建议：一是多加一些横向装饰线条，或者把一侧墙面的颜色加深；二是如果有条件的话尽量把两侧的门洞加大一些，或者换成采光比较好的玻璃门。这两点都能从视觉上让空间看起来没那么狭长。

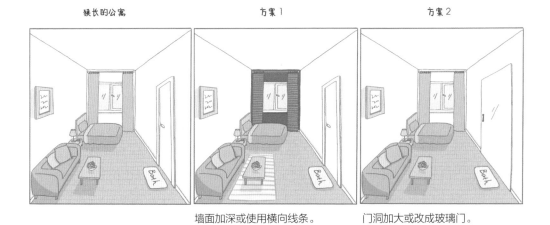

狭长的公寓　　　　　　　　　方案1　　　　　　　　　方案2

墙面加深或使用横向线条。　　　　　　　　门洞加大或改成玻璃门。

这背后的原理是人们的视线会不自觉地"跟着线条"走。在同一个房间，下面几幅图会带你感受四种视觉变化。当然，如果我们身处这个房间，感受会比看图片更加明显。

这是一个空房间。

刷一圈腰线，感觉房间好像变宽、变矮了。

垂直线条增加了房间的视觉高度。

在两面墙上刷上颜色，视觉上得到一个狭长的空间。

在对面的墙上刷明亮的橘色，墙面呼之欲出。视觉上减小了房间的进深，同时还会增加空间的宽度，思雅家可以这么装饰。

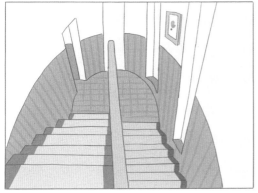

英国建筑设计大师麦金托什是一位玩转空间的高手，他采用增加竖向窗洞的方式，让楼梯间看起来又高又窄。

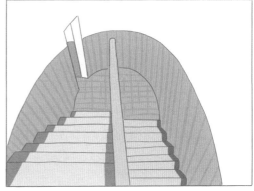

这是改造前的楼梯间。

3　用颜色解救小户型

思雅想用珊瑚红，我不同意的原因还有一个，因为这种红色会让她家的空间显得更狭小。

红色让房间显小。　　　　　　　　　　　　白色让房间显大。

这是因为除了冷暖，颜色还有前进色和后退色之分。浅色系是后退色，能把照进来的阳光重新反射回室内，越接近白色，反射的光线越多，这样能让房间看起来更加敞亮。深色系是前进色，像海绵吸水一样，能把光线都吸收走，这种颜色会让房间看起来狭小。

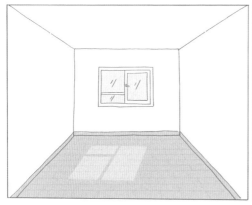 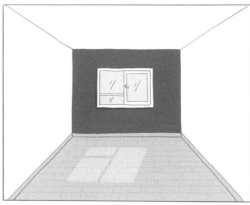

白色的墙好像更远。　　　　　　　　　　　深色的墙好像更近。

采光不足的小户型，要多用后退色。

如果你有房间太大的烦恼，可以选择前进色。

我用 3ds Max 软件模拟出了真实的太阳光环境，来测试不同颜色的墙漆对空间大小的影响。

白色房间看起来很敞亮。

浅蓝色跟白色差别不大。

深蓝色的房间看起来就暗了很多。美国一些大户型住宅，会用这种深色，像一个大大的拥抱，把人包裹起来了，但是小户型不建议效仿。

如果你想不走寻常路，用深色的屋顶，那可要考虑清楚了。

上中学时，爸妈要给家里翻新墙面，我给自己的房间选了靛蓝色，墙面从白色变成了蓝色之后，一进房间感觉那面墙好像离我更近了，还有点堵。现在回想起来原来是颜色的作用。

4　用颜色调节情绪

《每天懂一点色彩心理学》一书中介绍了几个小例子：女生穿黑色的丝袜，腿会显得比较细，同理，如果我们在室内使用黑色的沙发，可以让其体积看起来小一些；蓝色具有催眠效果，因此卧室装修最好采用淡蓝色，它可以帮助人们消除紧张的情绪、快速入睡。相反，波长较长的红色、橙色、黄色更容易让人兴奋。

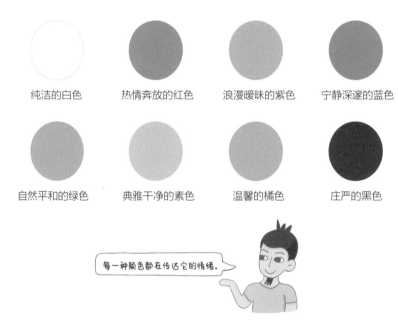

纯洁的白色　　　　热情奔放的红色　　　浪漫暖昧的紫色　　　宁静深邃的蓝色

自然平和的绿色　　典雅干净的素色　　　温馨的橘色　　　　庄严的黑色

每一种颜色都在传达它的情绪。

如果想睡个好觉，应慎重在卧室刷红色、橙色、黄色，建议使用能降低心率、平和脑电波的蓝绿色。医院和监狱都这么用色，也是为了消除紧张感。

黄色使人警觉，适合用在办公区提神。

厨房可以使用让人放松的蓝绿色。

红色和橙色让人兴奋，能激发人们的食欲，因此成
为快餐厅的主打色。

人们都喜欢白色系的卫生间和洁具，因为白色代表
了干净纯洁，还有一个原因是通常卫生间的面积都
很小，使用白色可以放大空间感。

年轻人的单身公寓不妨来几组大胆的撞色组合，无
论是服装搭配还是室内设计，现在都非常流行撞色
组合。

　　无论建筑多么雷同，但每扇窗里面的风景都不尽相同，因为里面住着不同的人，那才是真正
的你。也许你在拿到房子钥匙之前，心中早已有了最喜欢的颜色，这时你不用太在意颜色的冷暖、
深浅、搭配法则等，只考虑自己是否喜欢。

　　高中文理分科时，我毫不犹豫地选择了理科，到了大学却就读了室内设计专业。我曾想过每个人的审美都有差别，是否有放之四海而皆准的室内设计准则，于是决定着手研究这个课题。我研究生的毕业论文题目是《视错觉在室内装饰设计中的应用》。毕业后从事室内装饰行业已有十余年了，没想到可以借此机会把课题的一部分研究成果分享出来，因为一直以来这些对我的设计都很有帮助，也希望这些经验可以帮到更多人，避免大家的选择恐惧症。

第6章

木地板的选择和施工

| 如何选择适合自己的木地板？ |

| 木地板的铺设流程 |

如何选择适合自己的木地板？

1 木地板的种类和对比

木地板只有三种

木地板的名字五花八门，实际上可以简单分为三种：实木地板、实木复合地板和强化木地板。可以把实木地板想象成一块纯巧克力；实木复合地板更像巧克力威化饼干，由巧克力和饼干分层粘贴而成；强化木地板则类似士力架，表层是巧克力，里面是花生碎。

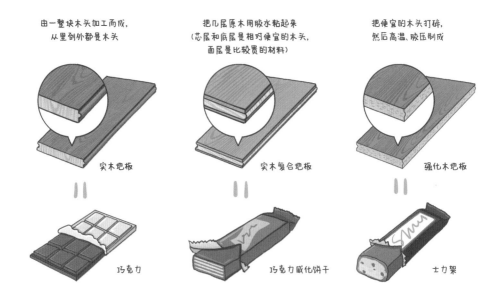

三款木地板实力大比拼

自然质感，实木地板的表面是木材本身的纹理，没有任何修饰；强化木地板装饰层的花纹是电脑仿制并加工设计出来的，图案多样，但是毕竟是人工产品。

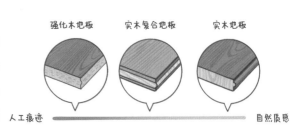

结实耐用，强化木地板胜出，它坚硬、耐磨、防腐、防蛀、不易变形，表层的三氧化二铝硬度稍次于金刚石。实木地板非常娇气，怕热、怕水、怕硬物、怕晒；长期受潮的实木地板下面易滋生细菌，甚至会长虫；如果家里有猫狗，还会留下很多抓痕……

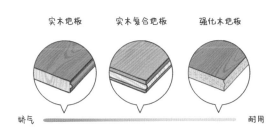

脚感，因结实程度不同，强化木地板踩上去是硬邦邦的，就像穿了双硬底皮鞋。实木地板是多孔原木材料，自带轻微弹性，踩上去非常柔和，像穿了双篮球鞋。铺设实木地板时，如果在下面加一层龙骨，脚感就更舒适了。

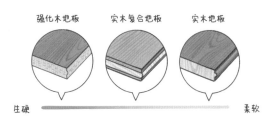

综上，实木复合地板是个平庸的综合型选手，既有实木地板的脚感和观感，又兼具强化地板的稳定性，可以说集合了两者的优点。它又可以分为三层和多层，三层实木复合地板拥有实木地板的脚感，层数越多，脚感越接近强化木地板。总之，如果你既想要实木的质感，又没有太高的预算，实木复合地板是最佳的选择。

2　如何选择适合自己的款式?

不同木种,各取所需

选木地板就像选择女朋友。第一眼你可能看中了她的相貌,而在后期生活中更关注的一定是脾气秉性,还需要一段时间磨合。木地板首先打动你的一定是颜色、纹理等。胡桃木色彩稳重,自带天然的节疤,充满怀旧气息;奶白色的榉木略显寡淡,有细腻的纹理;柚木颜色浓郁,表面能看到油光。

天然木材都有点娇气,还需要掌握一定的养护知识。番龙眼耐腐蚀、耐虫,但偏硬;榆木耐干燥性略差,可能会开裂翘边。因此挑选地板材质的时候,要同时关注它的外表和内在。

 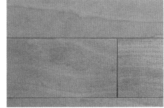 

胡桃木　　　　　　　　　榉木　　　　　　　　　　柚木

从侧面才能看出内核品质

实木地板横截面的纹路是正面纹路的延续,像一层一层的洋葱,可以一一对应。实木复合地板也有明显的纹路,这是为了防止某些商家将珍贵的木材切成薄薄的木皮,贴在普通木板表面,冒充高档实木地板。

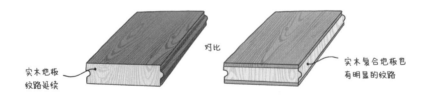

强化木地板看截面的细腻程度。品质好一点的是细木屑黏在一起的,紧实细密;品质差的可能是由废料做成,截面的颜色不均匀,还会有片状杂质。强化木地板的质量很难判断,防水、防腐等问题只能在使用过程中逐渐发现。建议购买品牌地板的畅销款,因为它的品质已经被大家验证过了。

如何才能买到环保的木地板？

关于购买环保的木地板，有两点建议：一是从正规渠道购买，二是不要过量使用。

首先从正规渠道购买。实木地板并非从一整块木头切下来的，大品牌商家会按照正规流程来进行烘干、杀菌、锁水等一系列工作，整个过程中不会有污染。但有些不负责任的小作坊会把木头放在含有甲醛的药水中浸泡，让松软的木材变得更结实。绝大多数的强化木地板都是用含有甲醛的胶热压而成的，因此一定要从正规渠道购买。目前，我国的环保标准（E1 级）已与国际接轨，只要从正规渠道购买的地板都能达到标准。

其次不要过量使用。这里要搞清一个概念，有甲醛和有甲醛危害是两码事。室外空气中甲醛的浓度约为 0.01 mg/m^3，天然的木材本身也有微量甲醛，因此零甲醛是不存在的。甲醛只有在超标时才会危害人的健康，我们可以放心大胆地使用实木地板，但要注意强化木地板和全屋定制家具的甲醛含量。总之，一定要控制房间内人造板材的使用量。

3　木地板铺装图鉴

案例 1　**木地板随意铺装，让视觉无限延伸**

这款强化木地板有两个特色：一是地板为非常规的宽度——33 cm，木地板的常见宽度为15 cm；二是采用随意铺贴的方式，看不到花纹的任何接缝，搭配简约的家居风格，让视觉无限延伸。这种随意铺贴的方式，地板的损耗率可以忽略不计。

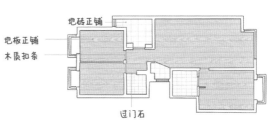

案例 2　**复古人字铺地板**

人字拼和鱼骨拼很像，交错铺装让空间显得复古灵动，是近年来十分流行的铺贴方式，但两者对材料的损耗都比较大，鱼骨拼材料的损耗率在 15% 左右，需要在地板两边各切掉一个 45°的三角形；人字拼材料的损耗率大约为 12%。事实上这两种铺装方式最后呈现的效果差别不大，综合比较我个人更推荐人字拼。

案例 3 中规中矩的工字铺地板

这家地板采用了常见的工字铺，其材料的损耗率只有 3% ~ 5%，且施工简单，但设计师并没有严格居中对齐，而是稍微错开了一些，为空间增添了些许的层次感。

案例 4 六角砖和木地板搭配的铺装

木地板和瓷砖相结合是前几年比较流行的铺贴方式，但随着采用这种方式的人越来越多，问题也逐渐暴露出来——木地板和瓷砖的拼接处容易开裂。这是因为木地板的收缩性比瓷砖大。这里给大家介绍一个预防拼接处开裂的施工技巧：在木地板和瓷砖接缝下面的水泥层（回填找平层）预埋细木工板（提前做防水处理），安装木地板时，在地板侧面接口的位置向细木工板打钉，把木地板和细木工板连接起来，这样可以把木地板固定住。

如何避免木地板变形?

◎预留 8 ~ 10 mm 宽的伸缩缝

无论何种材质的木地板都有弹性,会伸缩变形,因此应给地板预留一个伸缩空间——伸缩缝,伸缩缝的宽度为 8 ~ 10 mm 。

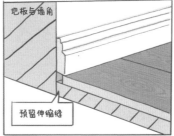

◎地板铺设的跨度不能太大

地板有伸缩性,因此铺设的跨度不能太大(不超过 8 m),但也要考虑实际情况,强化木地板比实木地板的铺贴跨度要大一些,各品牌地板的伸缩性也不同。如果两个房间相连,不建议通铺木地板,可以在中间加一个"压条",方便后期维修。

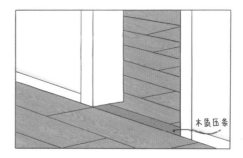

◎不要开窗吹风,应缓慢自然晾干

如果大家遇到木地板变形,也不必太过惊讶,毕竟木地板是天然材料,不是人工合成的产物,性能不稳定是正常现象。我们能做的是尽量避免这种现象的发生,比如装修时不要开窗吹风,而应等房间里缓慢自然晾干;装修完,在房间里放两盆水,增加湿度,给木地板和其他木作家具一个缓冲适应期。木地板的磨合期差不多是一年,经历了一年四季冷热交替的变化之后,基本上就进入了稳定期,这时我们可以放心地与之相处了。

木地板的铺设流程

1 木地板安装前的准备工作

我父母家六七年前装修时，地面铺的是木地板，如今踩在上面会听到"咯吱咯吱"的声音，两块地板之间的缝隙大得可以塞下一枚一元的硬币，个别地板还变形起拱了。后来我才知道，除了地板自身的问题外，施工不当也会导致木地板变形。

于是我来到了力源里小区，记录木地板铺设的过程，希望大家在铺木地板的时候严格按照流程来，不要留下遗憾。

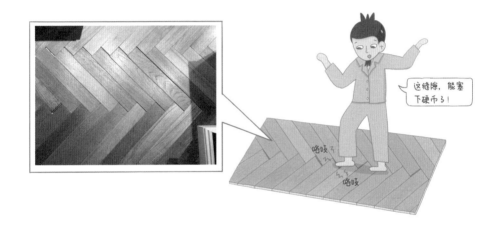

检查地面的干燥度和平整度

通常木地板都会直接贴着地面铺设（架龙骨的情况除外），地面是木地板的支撑和根基，就好比我们要在平整的地面上才能堆好积木一样，因此保持地面的平整、干燥、干净非常重要。

这家铺装师傅来检查时，把堆在地板上的装修材料、未拆封的电器都挪开以后，发现地面是潮湿的。因为水泥砂浆没有干透，铺设计划往后延了一些日子。正式铺设的过程很快，两个师傅配合起来，6个小时就完成了。

将装修材料、未拆封的电器挪开后，地面是潮湿的。

用2m长靠尺检查地面的平整度，高低差不要超过
3mm，且表面平整，没有跑砂、返砂、空鼓等现象。
如果地面不平整，铺出来的木地板自然也是不平的。

检查地面与瓷砖之间的高差

卫生间和厨房的瓷砖铺完后，会与将要铺设木地板的地面之间存在高度差，需要通过找平地面来确保铺完木地板之后，和瓷砖保持在同一个水平面上。

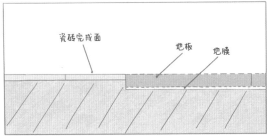

铺设地板时会加上地膜，要预留出地板和地膜的厚度。

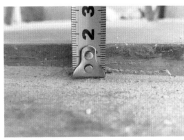

这家买了强化木地板，预留 1.5 cm 的厚度。

> 我家用的是 1.5 cm 厚的实木复合地板，预留了 1.7 cm 的高度差，多出来的 2 mm 是地膜的高度。

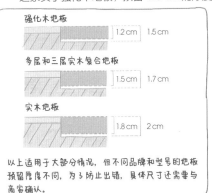

强化木地板		
	1.2 cm	1.5 cm

多层和三层实木复合地板		
	1.5 cm	1.7 cm

实木地板		
	1.8 cm	2 cm

以上适用于大部分情况，但不同品牌和型号的地板预留厚度不同，为了防止出错，具体尺寸还需要与商家确认。

此外，木地板送货当天，建议多打开几包来确认地板的颜色是否正确，是否有划痕或污渍等，如果发现了问题要及时更换。同时建议与安装工人再次确定地板的铺贴方式。

安装当天，拆开几包木地板验货。

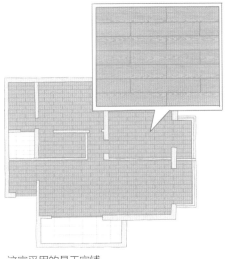

这家采用的是工字铺。

2 木地板的铺设流程和注意事项

第一步 清洁

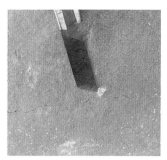

❶ 铺贴前，先除掉地面的石头、沙尘、腻子块等，保证地面平整、干燥、干净。

❷ 清理墙壁四周的土块。

❸ 用吸尘器把清理出来的土块吸出来。

第二步 铺地膜

地膜是木地板和地面之间的缓冲物，起到隔声、防潮，以及防止木地板发出不正常声音的作用。

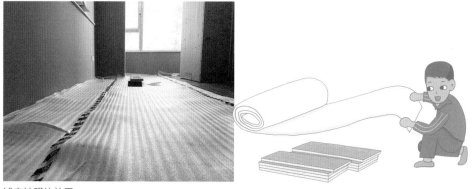

铺完地膜的效果。

第三步 铺贴木地板

最后一步是铺设木地板，这家铺的是橡木地板，颜色自然，纹理深浅有致，每一片之间的差别不大，师傅随手拿着铺就行。此外，现在都是卡扣地板，铺贴时用尼龙敲块把每一块地板都敲紧实了，遇到转角的地方，还需要切割地板，确保木地板和墙体之间留有适当的热胀冷缩距离。

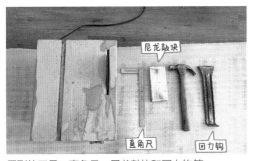

用到的工具：直角尺、尼龙敲块和回力钩等。

❶ 用尼龙敲块把每一块木地板敲实。

❷ 转角处，切割木地板并预留伸缩缝。

❸ 铺到墙边时，用回力钩把地板拉紧，并预留伸缩缝。

❹ 用一块木塞子塞住伸缩缝。

❺ 瓷砖和木地板之间应预留 8～10 mm 的伸缩缝，不然木地板热胀冷缩后，会起拱。

❻ 铺完之后，地板和瓷砖高度一致。

❼ 在接缝处安装极简的金属扣条，简约又美观。

❽ 门口处用扣条来收口。

❾ 两个房屋之间不要通铺地板，中间用扣条收口，这样能防止地板因跨度太大而变形，也方便后期维修。

他家这个收边条还不算太窄，如果是极窄收边条，施工就更严格了。

是的，极窄收边条看起来更精致，其施工有两点注意事项。第一，对前期施工的精度要求较高。地面2m之内的高低差不能超过3mm，不能有水泥或者其他建材的残留物，收口处要做到90°直角。

第二，收边条的厚度与木地板的厚度相配。例如，如果选择了多层实木地板，那么就要配1.5cm厚的专用收边条。购买前一定要询问好详细的尺寸。

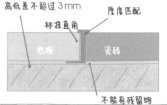

地板与墙体之间的伸缩缝将来会用踢脚线盖住。　　　铺完后的效果，缝隙均匀，顺光情况下看过去很平整。

木地板铺贴完成后，还有以下四点注意事项。

第一，关窗，自然晾干。安装完成后，提醒师傅关窗，以免下雨淋湿地板，或者刮大风快速吹干地板，这都会导致地板变形。

第二，预留备用地板。地板安装完，建议多留几块原来的地板，如果后期维修，不同批次的地板会有色差。

第三，清洁地板。安装完成后，用吸尘器或扫帚打扫地面，以免留下木屑颗粒，后期的安装人员进出踩踏，反复摩擦会破坏地面。

第四，定期给实木地板打蜡。每年我都会带着家人给木地板打两次蜡，一次在 7 月，第二次在次年的 1 月。夏天气温高，冬天有暖气，这两个月份都有利于木蜡油渗透到地板中。打蜡时要顺着地板铺设的方向进行，一根一根地打蜡，千万不能转着圈打蜡，那样打完整个地板就像个花脸，不美观。打过蜡的地板，会有木头的自然光泽，整体质感更加温润。

我们严格地按照流程来施工，也就是顺着木地板的"脾气"，这样才能确保木地板的使用寿命更长久。

附录

主材订购的流程

装修材料包括主材和辅材。主材指装修完成后我们能看得见的材料，比如地板、瓷砖、橱柜、门窗、灯具、热水器、烟机灶具、壁纸，以及开关、插座等。辅材是指装修完成后我们看不见的材料，比如水泥、砂子、龙骨、电线、排水管、石膏板等。主材订购得太早或太晚都不合适，把握关键的时间节点才能保证工期有序进行。

1 单项主材的订购流程

只有一小部分主材比较方便购买，比如马桶、龙头、瓷砖等，只要有现货，很快就能送到家。大部分主材都需要定制，商家要先上门勘测实际情况，然后根据房屋面积、格局、业主的喜好等来绘制图纸，之后给出详细的报价，接下来是下单、生产制作、上门安装。比如窗户、中央空调、室内门、定制家具、淋浴房等。这类主材订购通常需要 5 个步骤。

考察 逛建材城，确定自己喜欢的品牌，了解价格区间。

我看中的那款门把手在距离我们 30 km 的建材城，一起去看看吧！

建材城

预约 商家上门测量（测量前有的商家要求先付定金）。

测量 测量后，商家会给出图纸和详细的报价。

订购 签合同、付款，商家下单生产。

安装 安装完成后，到现场检查是否有问题。

防盗门

开工前预约 → 开工当天测量 → 测量后订购 → 泥瓦工阶段安装

生产周期：防盗门的生产周期为 20 ~ 45 天。

防磕碰：瓷砖等比较硬的物品搬进来之后再安装，这样不容易磕碰防盗门。

窗户

> 开工前预约　→　开工当天测量　→　测量后订购　→　水电改造阶段安装

生产周期：窗户的生产周期为 20 ～ 60 天。

先换窗，后贴砖：水电改造阶段就应该把窗户送到现场，通常在水电改造结束、瓦工开始前安装窗户，换完窗户再贴瓷砖，这样窗框和四周的衔接会更自然。

中央空调和新风系统

> 开工前预约　→　开工当天测量　→　测量后订购　→　水电改造阶段安装

开工时测量并订购：开工当天主要是测量尺寸，确认空调和新风设备的具体位置、管道的走向，并绘制施工图纸。中央空调和新风系统的安装师傅、设计师、工长三方都要到场，确保中央空调、新风系统与吊顶、燃气管道、水电管等不会发生冲突。接下来就可以考虑订购了。

二次测量：一些老房有吊顶，开工当天无法一次测量准确，需要在水电改造交底时再次测量。

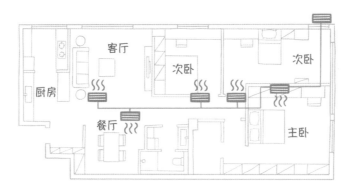

家用中央空调室内机和室外机安装图

采暖设备（包括壁挂暖气片和地暖）

> 开工后预约　→　水电交底当天测量　→　测量后订购　→　水电改造阶段安装

开工时勘测管道位置：无论选地暖还是壁挂暖气片，水电交底时都要到现场勘测，确定暖气主管道的位置、安装方式，以及周围是否会有干扰等。

水电改造阶段施工：如果选择的是壁挂暖气片，改动暖气管道的位置或更换新的管道等都需要在水电改造之前施工。如果选择了地暖，则在水电改造之后铺设隔热层和暖气管。

最后安装壁挂暖气片：壁挂暖气片在成品安装阶段完工，暖气片要在乳胶漆、壁纸、美缝等施工结束后安装，否则会影响这些材料的施工。暖气片尽量在铺木地板之前安装，因为暖气片里面会有少量存水，容易漏在地板上。

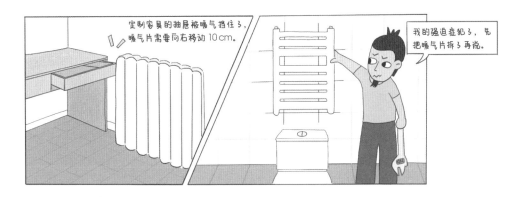

橱柜

开工后预约 → 水电交底当天初次测量 → 铺完瓷砖后第二次测量 → 刷漆阶段安装

初次测量，确定厨房电源、上下水的位置：橱柜内的嵌入式洗碗机和蒸烤箱的背后或旁边需要预留插座，水池附近应预留上下水口，这些都会在水电交底当天测量时提前预留位置。

第二次测量，绘制详细的橱柜图纸：瓦工铺贴完瓷砖后第二次测量，此时才能测量出精确的尺寸。橱柜商家绘制出详细的图纸，图纸确认后订购并开始生产，橱柜的生产周期约为45天。

墙砖、地砖

开工后预约 → 水电交底时测量 → 测量后订购 → 瓦工阶段铺贴

提前订购：虽然还没有到铺砖的时候，但建议在水电交底阶段订购，留足备用的时间。

热水器

开工后订购　→　水电改造阶段预留管道　→　成品安装阶段完工

水电交底时预留热水器管道的位置：这是为了方便水电改造阶段开槽打孔。建议在实体店购买热水器，并联系商家上门标出管道接口的位置。如果热水器和橱柜被安排在一起了，则需要和橱柜商家一起沟通热水器的位置，以免相互干扰。

做完美缝再安装：过早安装热水器会影响瓷砖铺装和美缝施工。

入墙式水龙头、入墙式花洒、浴缸、壁挂马桶

开工后订购　→　水电改造时安装入墙配件　→　成品安装阶段完工

预先埋好零部件：提前订购壁挂马桶、入墙式花洒等是因为我们要在墙内预埋它们的零部件。

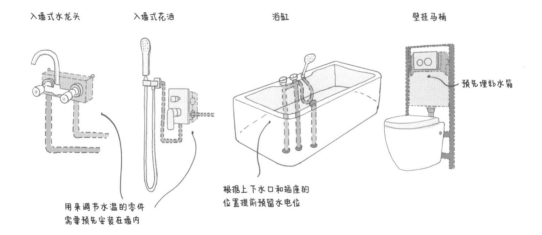

入墙式水龙头　　　　入墙式花洒　　　　　浴缸　　　　　　　壁挂马桶

预先埋好水箱

用来调节水温的零件
需要预先安装在墙内

根据上下水口和插座的
位置提前预留水电位

室内门

地面找平完后测量、订购　→　成品安装阶段完工

测量时间和生产周期：在地面高度、门洞大小确定后再测量室内门，测量完再订购。室内门的生产周期约为 45 天。

定制家具

墙地面找平完后测量、订购 ➡ 成品安装阶段完工

测量时间和生产周期：在瓷砖铺完、墙面刮完腻子后，就可以测量定制家具的精准尺寸了，之后定制厂家绘制图纸，然后再订购。定制家具的生产周期是 60 天左右，<u>建议定制家具安装完成后再装踢脚线，这样收口更加精细美观。</u>

2 主材订购对应的施工节点

做手术的时候，医生操作位置的细微偏差、速度不够快等细节都会导致手术失败。装修也一样，主材的订购、安装必须在这几个关键的节点施工，这样才能确保装修顺利进行，不出差错。

装修前，你需要一份电器规划清单

　　小时候我家电器只有电视机、冰箱和洗衣机这三大件，算是家里的贵重物品，我妈会用保护罩遮起来，遥控器也有手工缝制的保护套，特别珍贵。现在我自己家仅厨房电器少说也得有七八种，电饭锅、热水壶、蒸烤箱、洗碗机、榨汁机……它们种类多，又占地儿，如今厨房实在没有收纳的地方了。有的电器被放到了客厅柜中，有的干脆被直接封存在够不到的角落。

　　因此应提前规划需要购买的电器，毕竟它们种类繁多，否则也会像我家一样摆得七零八落。

1　电器，决定水电改造

大功率电器需要单独走线

将全屋的电器位置规划好之后，水电师傅会为大功率电器单独走线，否则后期容易频繁跳闸。常见的大功率电器有中央空调室外机、分体式空调、集成灶、蒸烤箱等，这些都需要单独留一路电。新风系统虽然不属于大功率电器，通常也需要单独走线。此外，<u>经常出差的人还可以为冰箱单独走一路电，方便单独控制。</u>

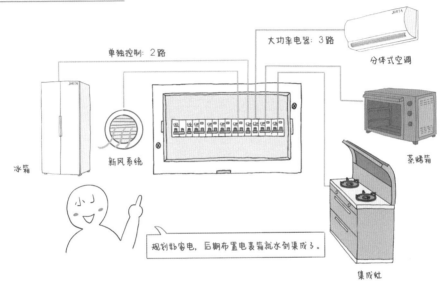

电器插座的位置要精准

小 J 是个"电器控"，装修前就选好了所有电器，并一一记录下型号和尺寸，大部分插座位置都被设计得十分精准，但还是有个别插座没被安排妥当。她感慨："插座和电器以及周边家具的位置，像极了精细的施工图纸，要抠细才行。"

　　装修前她选好了嵌入式的洗碗机，定制橱柜之前，把尺寸告诉了橱柜设计师小贺。购买洗碗机时，销售人员特意叮嘱她："这款洗碗机的厚度是 597 mm，插头会占用 30 mm 的厚度，插座要留在隔壁柜子的背板上，如果安装在洗碗机背后，洗碗机会往外凸出来一部分，不美观。"

　　幸好当时还没有铺设水电管线，小 J 赶紧告诉了设计师和工长，把插座电源留在隔壁的柜子里，这样插头可以穿过侧板插到预留的插座上。个别大容量蒸烤箱的进深较大，也需要为其在侧面预留插座。

　　小 J 还选了集成灶，她把型号告诉小贺，小贺说："我设计过这款集成灶，它的插座位置要求得很精准，必须在集成灶的后背下方，因为电源线特别短，所以插座一定要低一些。"小贺还提醒她注意冰箱的电源线，个别款式冰箱的电源线也很短，插座留得太高，后期会够不着。

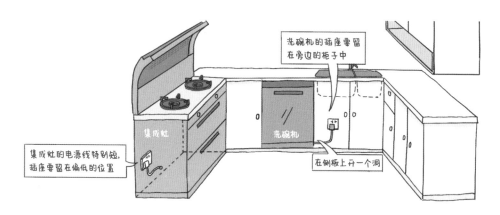

小 J 平时一出差就大半个月，因此在防盗门上安装了电子猫眼，实时监控门外的动静，但电子猫眼的插座位置留得不理想——离门太远，电源线根本够不着。最终这个插座成了小 J 装修时留下的一个小遗憾。

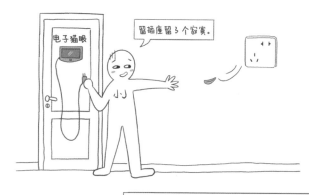

上下水要提前规划好

有的电器需要提前留好插座，还有的电器需要提前预留上下水，比如洗碗机、洗衣机、壁挂式洗衣机，以及零冷水热水器。

零冷水热水器——打开水龙头就能出热水，这是小 J 装修时心心念念想装的。为了实现这个梦想，需要在铺设水管时，在热水管和冷水管之间安装一段回水管。如果水电改造完再决定购买零冷水热水器可就来不及了。

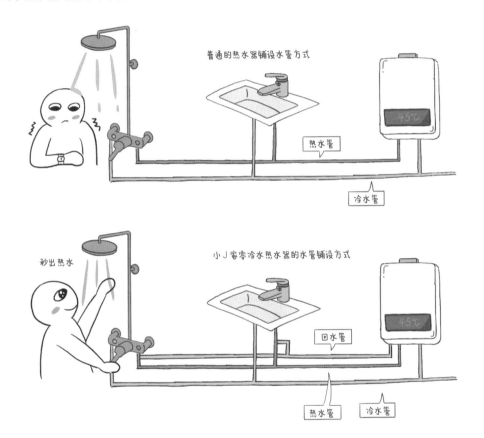

2 电器，决定定制家具的款式

小 J 喜欢做饭，厨房小电器非常多。她在 U 形厨房一侧设计了一组高柜，柜中内嵌了大烤箱，这个地方类似小型西厨。台面上可以放咖啡机、热水壶、电饭煲等电器，下面的柜子里收纳着料理机、厨师机等小厨电，需要时放到台面上就很方便。

小 J 担心跟设计师交代不清楚，于是测量了厨房小电器的尺寸，手绘了物品摆放简易示意图，交给定制家具设计师。台面上的每个小电器都有专属插座，偶尔会用到的电器也都放在橱柜里，不会像我家那样，豆浆机横着放浪费空间，竖着又放不进去。

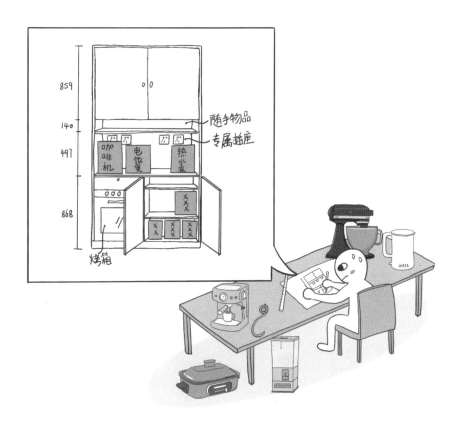

3　如何制作电器采购清单？

建议从三个方面来梳理电器采购清单：实际需求、户型限制和装修预算。

我到底需要什么？

购买家电前一定要认真审视自己的生活，多问问自己：我到底需要什么？这一步很关键，通常我把电器分为三种类型——必备型、效率型和品质型。

必备型

必备型家电有电视机、冰箱、洗衣机、空调，这类电器主要考虑是否有必要升级换代。

我家的这款量子点 OLED 激光超薄无边框大屏电视简直太爽了！

效率型

效率型家电有洗碗机、垃圾处理器、扫地机器人、烘干机等，适合工作比较忙，担心被家务占用太多时间的人，它们是我们的家务小帮手。

太累了，不想动，我十分需要一台连锅都能放进去洗的大套系洗碗机。

品质型

品质型家电有电热毛巾架、软水机、大尺寸的激光投影仪、零冷水热水器、智能马桶盖等。它们不是生活必需品，但可以大大提升生活品质。

每天用温温热热的毛巾洗脸，特别有幸福感。

如果你是"电器控"，可能更需要高配版的电器；如果你怕家务繁重，占用时间，可以买一些效率型的电器，协助你做家务；如果你追求生活的舒适度，那么品质型电器最适合你。

户型限制了什么？

不是你想要什么电器都能统统搬回家的，户型决定了你家需要多少厨房小电器、电视机的尺寸、冰箱型号等。层高决定了你家适合装什么类型的空调和暖气。

比如小 J 想安装软水机，她也知道对于 80 m^2 的小户型来说软水机很占地方。软水机宽 324 mm，高 552 mm，深 432 mm，除了机器本身，还应为与之配套的软水盐留出相应的空间（厂家通常是 5 包起送），这就意味着应预留至少宽 350 mm、高 450 mm、深 400 mm 的软水盐收纳空间。虽然软水机很占地方，但经它软化过的水，会像温泉水一样又软又滑。最后小 J 决定购买软水机。

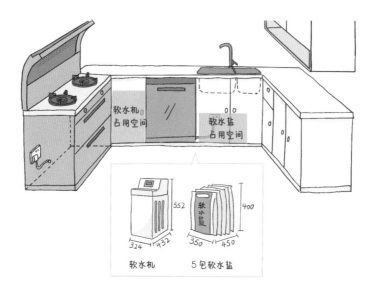

软水机   5 包软水盐

如何把控预算？

包包的价格差异很大，有几十块钱的爆款包，也有几万元的名牌包。电器也是同样如此，冰箱有 299 元的宿舍款，也有几万元的定制款。就我个人而言，我不太看重电器，相比高科技产品，我更喜欢回归质朴和自然的生活。下面是我给业主小高整理的一份电器采购清单。

电器采购清单

电器位置	名称	品牌	型号	预算（元）
全屋	立式空调	华要	51IW	3800
	2 个挂式空调	—	35HA1	3738
厨房	净水器	沐图	3868	1499
	烟机灶具	电板	60A1+57B2	4300
	冰箱	西门子	610W	4900
	蒸烤箱	松下	DS1200	3499
	洗碗机	西门子	WO1JC	4700
客厅	电视机	海信	E3F-MAX	4100
	2 个净化器	小米	—	1498
	扫拖机器人	石头	T7plus	2799
卫生间	洗衣机	小天鹅	MAD5+H35	7200
	干衣机	小天鹅	—	—
	电热毛巾架	松下		1349
	零冷水热水器	关诗		3999
	智能马桶盖	松下		1899
玄关	电子锁	鹿客		1699

两室一厅 总计：50979 元

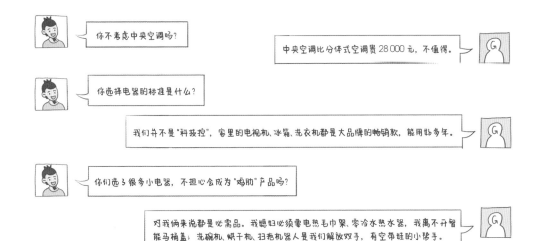

小高夫妇俩是实用主义者，他们觉得过日子舒服最重要，因此挑选了能提高生活舒适度的小电器。电器并不是越贵越好，最重要的还是要与个人生活方式相匹配。提前做好电器规划，采购时我们才能有的放矢地省钱，并且把钱花在刀刃上。

4　什么时候预订电器？

开工前 ⟶	水电改造前		⟶ 全屋定制前
中央空调	需要布线的监控系统	蒸烤箱	电视机
新风系统	智能家居	洗碗机	吸尘器
壁挂暖气或地暖	燃气热水器	垃圾处理器	扫地机器人
	抽油烟机或集成灶	洗衣机	空气净化器
	灶具	烘干机	智能马桶盖
	软水机	立体环绕音响	分体壁挂式空调
	净水器	暖风或浴霸	电热毛巾架
	壁挂洗衣机	投影幕布	电子猫眼
	冰箱	电动晾衣架	小厨宝

买家电时一定要保存好销售人员的联系方式，这样可以随时与其沟通家电尺寸、水电预留的位置、预约上门安装的时间等注意事项，同时把沟通内容同步反馈给设计师、工长。如果电器需要放在定制家具内，还要提前告诉定制设计师。

后记
Afterword

最开始写这本书时，我本想总结一些可以照搬的装修施工标准，方便有装修需求的业主直接套用到自己家里，但是详细了解了施工流程之后，我才发现这样有点难度。因为有些地方会使用多种不同的施工方式，所以每次遇到这种情况，我都会尽量在书中交代明白，以免大家误解。在此我总结了三种情况。

第一，房屋原始结构不同，对应的施工方式不同。记得有一位顾客拿着网上的小视频问我，"你看他们家改下水，只移动了三四米，改完之后排水很顺畅，为什么我们家就不行？"我跟她解释说："你们家原始的下水管有回水弯，回水弯里面会储存一些水，用来防止下水道反味，排水的时候要将回水弯内的水和空气一并推出去，这就大大增加了排水的阻力。改完之后的下水推力变小，很可能会导致排水不顺畅。"有的业主把网上的小视频或装修达人的文章当作金科玉律，要求自己家也照着做，事实上可能并不适合。再比如书中提到的东湖湾小区改下水管道的情况，师傅给下水管道缠裹了隔声棉，但有的人家里是铸铁管道，相比塑料管道，隔声效果会好一些，包了隔声棉反而容易导致管道生锈，因此我们建议这种情况不要包。这些不同的施工方式，在书中都会详细讲解。

第二，工人的工作习惯不同、材料差异、地域差异，导致施工方法不同。比如电线的接线方式，我们公司的电工习惯了缠铜线，而有的电工会直接用电管卡子。再比如大部分人会选择水管走顶，这样做的优点是能及时发现漏水，并做好维修；也有一小部分人选择水管走地，优点是水管更稳定、寿命更长，但缺点也很明显：容易在装修过程中被人为破坏，维修成本大，水漏到楼下会造成严重的经济损失等。如今水管的质量普遍都很好，能保证用上几十年，一旦漏水可就是麻烦事儿，方便维修更重要，因此我们最终选择了水管走顶。这两种施工方式没有绝对的对与错，各有利弊。装修施工不像是做判断题，只有对与错两个答案，而需要我们综合分析来做出最优的选择。

第三，师傅的手艺好坏也有不同。我们不会自己做衣服，但是看过的衣服多了，也能判断出衣服做工的优劣。但我们一生也不会装几次房子，大部分人都看不出来施工的好坏。我这十几年遇见了不少手艺好的师傅，发现装修施工这个活儿可以很粗糙，也可以很细致。因此我在拍照的时候，会尽可能地把工艺细节展示给大家，这样我们就不至于遇见手艺差的还不停地夸赞，而是及时发现问题并做出调整，甚至换人。遇到好的工人，我们也不要因为自己不懂施工，而对师傅怀疑和苛责，而是要给予赞美和肯定。通过这半年在一线和师傅们一起工作的经历，我也深刻地体会到正因为装修是个手艺活，才不可能像机器生产出来的产品一样去苛责工人，而要包容和体谅工人的辛苦付出。

除了以上三点之外，还有不少施工标准是放之四海而皆准的，比如水电验收的注意事项、涂刷墙漆的步骤，以及水路打压试验时，水对管壁的压力不低于 0.784 MPa，保持时间为 30 分钟等。梳理这些施工常识，有助于我们直接拿来检查自己家的施工是否达标。这个过程中，不仅要看施工规范，我们还可以通过施工细节来判断工人的态度。比如砌墙时，需要打扫干净地面再刷地固，这样能黏结得更牢固；穿墙的钢筋要固定牢固，并勾紧墙体，不至于来回松动。透过这些细节我们能看出工人的态度是否认真、严谨。

装修施工具有复杂性、丰富性、积累性，以及创新性的特点，这些都是形成知识积累的必要条件，因为不懂我们才会对施工方不信任，请了第三方监理之后，监理公司和装修公司之间也各有说辞。由于没有统一的标准，就会产生各种不必要的纠纷，这是行业的现状，很难改变。因此希望这本书能让我们对装修有一个初步的认识，能够判断出师傅的工艺水平，做到心中有数，少走弯路，把钱花在刀刃上。就好比你到了一座陌生的城市，虽然不知道前方的道路，但是你手里有了一张地图。

"心里有杆秤，好坏自明了。"我想这本书的价值也就在于此吧！

最后，祝愿每一位要装修的人，都能遇到好的施工方，与之建立相互信任、默契的合作关系；祝愿每一位要装修的人，都将拥有优质的施工质量，为营造更舒适的家打下扎实的根基。

写完全书之后我才明白，原来一本书的背后也需要很多人的付出，毕竟一个人力量是有限的。

感谢编辑庞冬一直以来对我的鼓励和支持；

感谢插画师 m 小咪，我们合作了三年，她一直特别地给力和靠谱；

感谢玖雅装饰的程亮不厌其烦地解答我关于施工的各种问题；

感谢玖雅装饰市场部的游琪提供的优质素材和实用的知识；

感谢我们工程部、市场部、材料部的同事帮忙拍照、收集资料；

感谢我遇到的每一位装修师傅，你们熟练的技艺，给我指明了方向；

感谢我的家属徐凯，他不仅仅是我的爱人、我的生活伴侣，更是我最默契的工作搭档；

感谢我的父母为我分担琐碎家事，让我工作起来没有后顾之忧；

最后，感谢我的读者，没有你们，所有的努力都毫无价值。

黄婧